公 式 表

(1) 微分・積分公式

$$F(x) = \int f(x)dx \xrightarrow[\text{積 分}]{\text{微 分}} f(x) = F'(x)$$

$F(x) = \int f(x)dx$	$f(x) = F'(x)$
c (定数)	0
$\dfrac{1}{a+1}x^{a+1}$	$x^a \quad (a \neq -1)$
$\log|x|$	$\dfrac{1}{x}$
e^x	e^x
a^x	$a^x \log a \quad (a>0,\ a\neq 1)$
$\sin x$	$\cos x$
$\cos x$	$-\sin x$
$\tan x$	$\sec^2 x$
$\cot x$	$-\operatorname{cosec}^2 x$
$\sin^{-1} x$	$\dfrac{1}{\sqrt{1-x^2}}$
$\tan^{-1} x$	$\dfrac{1}{1+x^2}$
$\log|g(x)|$	$\dfrac{g'(x)}{g(x)}$
$\log|x+\sqrt{x^2+a}|$	$\dfrac{1}{\sqrt{x^2+a}} \quad (a\neq 0)$
$\dfrac{1}{2}\left\{x\sqrt{a^2-x^2}+a^2\sin^{-1}\dfrac{x}{a}\right\}$	$\sqrt{a^2-x^2} \quad (a>0)$
$\dfrac{1}{2}\{x\sqrt{x^2+a}+a\log|x+\sqrt{x^2+a}|\}$	$\sqrt{x^2+a} \quad (a\neq 0)$
$\dfrac{1}{2}\log\left|\dfrac{x-a}{x+a}\right|$	$\dfrac{1}{x^2-a^2} \quad (a>0)$

(2) 級数展開公式

$$e^x = 1 + x + \frac{x^2}{2!} + \frac{x^3}{3!} + \frac{x^4}{4!} + \cdots$$

$$\sin x = x - \frac{x^3}{3!} + \frac{x^5}{5!} - \frac{x^7}{7!} + \cdots$$

$$\cos x = 1 - \frac{x^2}{2!} + \frac{x^4}{4!} - \frac{x^6}{6!} + \cdots$$

$$e^{ix} = \cos x + i\sin x$$

⑶ 三角形の基本公式

$$\sin\left(\frac{\pi}{2}-\theta\right)=\cos\theta \qquad \cos\left(\frac{\pi}{2}-\theta\right)=\sin\theta \qquad \tan\left(\frac{\pi}{2}-\theta\right)=\cot\theta$$

$$\sin\left(\theta+\frac{\pi}{2}\right)=\cos\theta \qquad \cos\left(\theta+\frac{\pi}{2}\right)=-\sin\theta \qquad \tan\left(\theta+\frac{\pi}{2}\right)=-\cot\theta$$

加法定理

$$\sin(\alpha\pm\beta)=\sin\alpha\cos\beta\pm\cos\alpha\sin\beta$$
$$\cos(\alpha\pm\beta)=\cos\alpha\cos\beta\mp\sin\alpha\sin\beta \qquad \tan(\alpha\pm\beta)=\frac{\tan\alpha\pm\tan\beta}{1\mp\tan\alpha\tan\beta}$$

和・差を積にする公式

$$\sin A+\sin B=2\sin\frac{A+B}{2}\cos\frac{A-B}{2}$$

$$\sin A-\sin B=2\sin\frac{A-B}{2}\cos\frac{A+B}{2}$$

$$\cos A+\cos B=2\cos\frac{A+B}{2}\cos\frac{A-B}{2}$$

$$\cos A-\cos B=-2\sin\frac{A+B}{2}\sin\frac{A-B}{2}$$

積を和・差にする公式

$$\sin\alpha\cos\beta=\frac{1}{2}\{\sin(\alpha+\beta)+\sin(\alpha-\beta)\}$$

$$\cos\alpha\cos\beta=\frac{1}{2}\{\cos(\alpha+\beta)+\cos(\alpha-\beta)\}$$

$$\sin\alpha\sin\beta=\frac{1}{2}\{\cos(\alpha+\beta)-\cos(\alpha-\beta)\}$$

2倍角の公式

$$\sin 2\alpha=2\sin\alpha\cos\alpha$$
$$\cos 2\alpha=\cos^2\alpha-\sin^2\alpha=2\cos^2\alpha-1=1-2\sin^2\alpha$$
$$\tan 2\alpha=\frac{2\tan\alpha}{1-\tan^2\alpha}$$

$t=\tan\dfrac{x}{2}$ とおいたとき

$$\sin x=\frac{2t}{1+t^2} \qquad \cos x=\frac{1-t^2}{1+t^2} \qquad \tan x=\frac{2t}{1-t^2} \qquad dx=\frac{2dt}{1+t^2}$$

学生番号　　　　　　　　　　　　　氏名

1．ベクトル量と スカラー量	2．座標系と ベクトル	3．運動の表わ し方	4．速度と 微分法	5．加速度	6．放物運動(1)
7．円運動	8．力と運動 の法則	9．放物運動(2)	10．万有引力	11．運動方程 式の使い方	12．単振動
13．力学的な 仕事	14．力のつり合 いと仕事	15．運動エネル ギーと仕事	16．位置エネル ギーと仕事	17．力学的エネ ルギー保存則 とその応用	18．いろいろな エネルギー
19．中心力によ る運動	20．質点系と 2体問題	21．質点系と 剛体の重心	22．剛体の慣性 モーメント	23．剛体の運動	24．運動座標系 と見かけの力

力学 WORKBOOK

〈第 3 版〉

井上　　光
尾﨑　　徹
鈴木　　貴　著
山本　愛士

東京教学社

まえがき

　この本は，理工系の大学で，これから力学を本格的に勉強する人のために書かれています．理工系の多くの分野で，力学は主要科目のひとつです．同時に，微分積分を使って展開される多くの専門科目の基礎になります．高校で物理を学んだ人も学ばなかった人も，力学の入門的な部分をなるべく早い時期に学びとることが望まれます．

　力学を学ぶことにはいくつかの目的が重なっています．第一は，むろん力学そのものの知識や技法の修得です．つぎには，力学を学びながら知る自然科学の成り立ちや論理的な考え方との出会いです．さらに，「学び方のトレーニング」と呼べるものがあります．予備知識よりは，これから学ぶ力に期待する学習法が求められています．

　この本は力学の教科書ではなく，演習書とも少し違うので WORKBOOK と名付けています．自主的なトレーニングに重点をおいています．ページを繰れば，運動方程式の意味，エネルギーの考え方など力学の基礎的なことがらについての問題が順々に出てきます．それらを自分で解き，意味を考え，足がかりをつくりながら，次に進む形になっています．解きながら学ぶ力学の素材集です．

　ものごとを学ぶときには，いつでも言葉が大切なはたらきをしています．理工学の教科書類のページに溢れている数式群も簡潔な言葉の一種です．簡潔すぎて，日常的な言葉とのギャップが大きいので間をつなぐのにかなりの努力が必要です．この努力こそが実力を高めるステップです．

　この本では，数式の意味が明確になるように，目に見えるような力学現象の数値例をたくさん使っています．ひとつの問題が別の問題の準備になっていることがよくあります．順に取り組むのがもっとも確実な方法です．ひと区切りつけたところで各問の関連が見通せるでしょう．要所で，それらをなるべく簡潔な数式にまとめて，抽象化を図っています．やや難しい問題には＊をつけてあります．

　現象が直接には目に見えなくなるにつれて，数式が強力な言葉になってゆきます．このようすを見ながら進んでください．この時期の力学は自然の現象と数式の融合を図る最適のトレーニング・グラウンドです．

ベクトルと微積分法については，予備知識がなくても問題から学べるようにしています．物理から数学に入るのもひとつの方法です．まず，応用を知ることは数学を学ぶ上でも望ましいことです．第 3 版ではこれらの入門的なテーマを重点的に改めています．

　問題を解くときは，言葉の持つ力を十分に活かせてください．式を言葉で，言葉を式で表わすことが有効です．下の余白には，問題を解く手順と，そこで考えたこと，知ったこと，出てきたアイデア，疑問のまま残ったことなどを書き留めることを勧めます．自分の言葉で書いたことはよく印象に残り，考えを再現しやすくなります．余白に書いた独自のノートは後の役にたちます．

　実際に始めてみれば，力学については，これまでにかなり多くのことを学んでいることを思い出せるでしょう．それらを基礎から考え直して一貫する形に整理すること，なるべく簡単な見方を自分で探し出してゆくことが大切です．

　この WORKBOOK は 1 年程度で「仕上げる」ところを目安にしています．今後，専門化する課程に向かって，どこにでも通用する基礎的な実力をここで鍛えてください．計画した期間で終了し，達成感を持って次に向かうことを期待しています．

2019 年 4 月

著者一同

目　　次

テーマ 1	ベクトル量とスカラー量	1
テーマ 2	座標系とベクトル	8
テーマ 3	運動の表わし方	15
テーマ 4	速度と微分法	21
テーマ 5	加　速　度	26
テーマ 6	放物運動(1)	33
テーマ 7	円　運　動	40
テーマ 8	力と運動の法則	46
テーマ 9	放物運動(2)	53
テーマ 10	万有引力	60
テーマ 11	運動方程式の使い方	67
テーマ 12	単　振　動	76
テーマ 13	力学的な仕事	84
テーマ 14	力のつり合いと仕事	91
テーマ 15	運動エネルギーと仕事	98
テーマ 16	位置エネルギーと仕事	105
テーマ 17	力学的エネルギー保存則とその応用	112
テーマ 18	いろいろなエネルギー	120
テーマ 19	中心力による運動	128
テーマ 20	質点系と2体問題	136
テーマ 21	質点系と剛体の重心	144
テーマ 22	剛体の慣性モーメント	150
テーマ 23	剛体の運動	158
テーマ 24	運動座標系と見かけの力	165

解答とヒント … 176

Note

Note 1.1. 解答するときは……………………………………………………… 1

Note 1.2. 物理量の分類……………………………………………………… 1

Note 1.3. ベクトル量の矢線の例……………………………………………… 1

Note 1.4. 力を矢線で表わす………………………………………………… 2

Note 1.5. ベクトル量の記号とスカラー量の記号……………………………… 2

Note 2.1. 2次元の位置ベクトル…………………………………………… 8

Note 2.2. 2次元のスカラー積……………………………………………… 8

Note 2.3. 座標の発明………………………………………………………… 9

Note 2.4. ピタゴラスの定理………………………………………………… 9

Note 3.1. 速度を表わす式と矢線………………………………………… 15

Note 3.2. 単位の書き方…………………………………………………… 15

Note 3.3. ベクトルとは何だろうか……………………………………… 20

Note 4.1. 関数の記号の使い方…………………………………………… 21

Note 4.2. 瞬間速度の計算方法…………………………………………… 21

Note 5.1. 加速度を微分で表わす式……………………………………… 26

Note 5.2. 力だめし………………………………………………………… 26

Note 6.1. 放物運動の軌道を観測すると………………………………… 33

Note 6.2. 速度は軌道の接線方向………………………………………… 34

Note 6.3. 質　点…………………………………………………………… 34

Note 7.1. 角度の表わし方………………………………………………… 40

Note 7.2. 等速円運動の速度と加速度…………………………………… 40

Note 8.1. 運動の3法則…………………………………………………… 46

Note 8.2. 力の単位(国際単位系)………………………………………… 46

Note 8.3. 運動方程式の考え方…………………………………………… 47

Note 8.4. 微分と積分……………………………………………………… 47

Note 9.1. ここで使う座標系……………………………………………… 53

Note 9.2. 放物運動の運動方程式………………………………………… 53

Note 9.3. 運動方程式を解く……………………………………………… 54

Note 9.4. ドーム球場の天井……………………………………………… 54

Note 10.1. 万有引力の法則……………………………………………… 60

Note 10.2. 重心は引力の中心…………………………………………… 61

Note 10.3. 式 $F=mg$ の読み方…………………………………………… 61

Note 10.4. ニュートンとフック………………………………………… 61

Note 11.1. 力の見つけ方………………………………………………… 67

Note 11.2. 重力は見えたり隠れたり…………………………………… 68

Note 11.3. 軌道から力を知る過程と力から軌道を知る過程………… 68

Note 11.4. ニュートン力学とカオス…………………………………… 69

Note 12.1. 単振動の運動方程式と解 ·· 76

Note 12.2. 単振動は円運動の射影 ·· 76

Note 12.3. 加速度のタイプの比較 ·· 77

Note 12.4. ミクロに見たフックの法則 ·· 77

Note 13.1. 仕事の定義 ··· 84

Note 13.2. 仕事の符号 ··· 84

Note 13.3. 仕　事　率 ··· 84

Note 14.1. 力のモーメント ·· 91

Note 14.2. 仕事＝力のモーメント×回転角 ·· 91

Note 14.3. 仮想仕事の原理 ·· 91

Note 15.1. 運動エネルギーの単位と仕事の単位 ·· 98

Note 15.2. 仕事＝運動エネルギーの変化，一般論 ·· 98

Note 16.1. 重力のポテンシャルエネルギー　$U=-\dfrac{GMm}{r}$ [J] ············ 105

Note 17.1. 力学的エネルギー保存則と運動方程式，1次元で ························· 112

Note 17.2. 力学的エネルギー保存則を経て運動の解へ ··································· 113

Note 17.3. 保存力と非保存力の見分け方 ··· 113

Note 18.1. 力学的エネルギー保存則とその破れ ·· 120

Note 18.2. 電力と電力量 ·· 121

Note 18.3. 熱力学の第1法則 ·· 121

Note 18.4. 光のエネルギー ·· 121

Note 19.1. 運　動　量 ··· 128

Note 19.2. 角運動量 ·· 128

Note 19.3. ベクトル積 $A \times B$，一般的な定義の話 ······································· 129

Note 19.4. 中心力と角運動量の保存則 ·· 129

Note 20.1. 2体問題の運動方程式 ·· 136

Note 20.2. 運動方程式の書き換え ·· 136

Note 20.3. 重心の位置の考え方 ·· 137

Note 20.4. 重心の運動 ··· 137

Note 20.5. 運動量保存則 ·· 137

Note 20.6. 内力による運動方程式と換算質量 ··· 137

Note 21.1. 剛体の重心の計算法 ·· 144

Note 22.1. 回転する質点のエネルギーと角運動量 ··· 150

Note 22.2. 剛体の慣性モーメントの定義 ··· 150

Note 22.3. 代表的な立体の慣性モーメントの公式 ··· 151

Note 22.4. 慣性モーメントに関する定理 ··· 151

Note 23.1. 固定軸を持つ剛体の運動方程式 ··· 158

Note 23.2. 剛体の運動，いろいろ ·· 158

Note 24.1. 平行移動する座標系での見かけの力 ·· 165

Note 24.2. 回転する座標系での見かけの力 ·· 166

Note 24.3. 潮の満ち干き ·· 166

テーマ1　ベクトル量とスカラー量

　自然は数学の言葉で表現できる．先人たちは自然の法則を発見すると同時に，それらを表わす方法も創始してきた．自然のしくみを後世に広く正確に伝える方法として数学の多くの分野が開拓された．その記法と技法を学ぶことから始めよう．

　力，速度，質量，電荷などを総称して**物理量**と呼ぶ．このうち，力や速度は**空間的な向き**を持つ．このような物理量を**ベクトル量**と呼ぶ．一方，質量や電荷には空間的な向きはない．このような物理量を**スカラー量**と呼ぶ．単に，ベクトル，スカラーと言うことが多い．これらの言葉はまず物理量を**分類するために**使われる．

　ひとつのベクトル量の**向き**を1本の**矢線**で示し，線の**長さ**でその物理量の**大きさ**を表わすことにすれば，「矢線を描きながら直観的な考え方を築く」ことができる．まず，その方法からとりかかろう．大切なことは，紙の上に矢線を描くだけでなく，実物に重ねてベクトル量の矢線を想像するトレーニングを積むことである．

Note 1.1.　解答するときは

式や数字だけではなく，自他ともに納得できる**説明**を書こう．

Note 1.2.　物理量の分類

ベクトル量の例：力，位置，速度，加速度，運動量，電場，磁場，…

スカラー量の例：質量，時間，電荷，エネルギー，温度，電圧，…

まずは，空間的な**向きの有無**で見分ける．実例で学ぶのが確実である．

Note 1.3.　ベクトル量の矢線の例

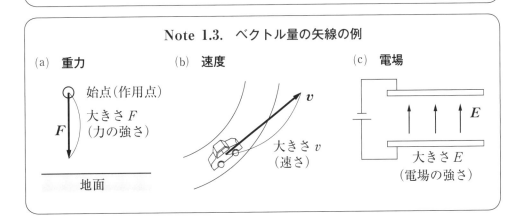

Note 1.4. 力を矢線で表わす

ひとつの力は1本の矢線で表わせる．力の**向き**，**大きさ**，**作用点**を矢線の**向き**，**長さ**，**始点**で示す．この矢線を使うと次のような考え方ができる．

同じ作用点を持つふたつの力 F_1 と F_2 を合成した力 $F=F_1+F_2$ は右図のようになる．

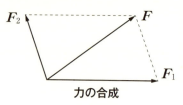

力の合成

このような「平行四辺形による合成方法」が成り立つ物理量はすべてベクトル量である．

地上の物体に作用する**重力**（万有引力）は Note 1.3.(a) のように描かれる．力の作用点は物体の重心にある．この力は地球の**中心**からくるとみなされ，力の方向が**各地の鉛直線**となる．質量 m [kg] の物体に作用する**重力の大きさ**は mg [N] である．定数 g は**重力加速度の大きさ**と呼ばれ，地域によって多少異なるが，2桁で言えば世界中どこでも $g=9.8 \,\mathrm{m/s^2}$ である．

力の単位 N はニュートンと読む．詳しくは後に学ぶ．まずは，**地球の表面では**，質量1 kgの物体に作用する重力の大きさは9.8 Nであると銘記しよう．

力の矢線を描くときは，いつもその脇に「…から…に」と明記しよう．重力の場合は「地球から物体に」と書く．これは，「地球の中心（地球の重心）から，空間を通して，その物体に」作用している力を短く表わす書き方である．

Note 1.5. ベクトル量の記号とスカラー量の記号

ベクトル量とスカラー量は文字記号でも区別されている．

(1) ベクトル量は本書ではイタリックボールド（斜体太文字）で印刷されている．
 例えば，$A, B, C, i, j, k, r, v, a, F, \cdots$ これらは矢線そのものを表わす．

(2) ベクトル量を手書きするときは，$A, B, C, i, j, k, r, v, a, F$
 または，$\vec{A}, \vec{B}, \vec{C}, \vec{i}, \vec{j}, \vec{k}, \vec{r}, \vec{v}, \vec{a}, \vec{F}$ と表わそう．

(3) スカラー量はイタリック（斜体）で印刷されている．
 m（質量），t（時間），q（電荷），T（温度），$\cdots$ ひとつの実数値を表わす．

(4) ベクトル量 A の大きさは $|A|$ または A で表わす．これは矢線の長さのことである．手書きでは A, B, C, r, v, a, F とする．

(5) ベクトル量は3個の成分を持つ．成分の記号はテーマ2以降で説明する．

テーマ1　ベクトル量とスカラー量

矢線を使って速度を合成する

問1. 流れる川面を進む船は陸地に対してどう動くかを考えよう．図(a)のように西から東に向かって速さ $v_1=3.0$ m/s で流れている広い川がある．矢線 $\boldsymbol{v}_1$ は流水の速度(向きと速さ)を表わす．今，静水上(湖面など)を進む場合に速さ $v_2=4.0$ m/s で走れる船がこの川面を進むとする．矢線 $\boldsymbol{v}_2$ は静水の場合の船の速度(向きと速さ)を表わすとする．陸地から見る船の合成速度 $\boldsymbol{v}$ は，「平行四辺形による合成方法」で描き出されて，$\boldsymbol{v}=\boldsymbol{v}_1+\boldsymbol{v}_2$ と表わされる．図(b)で，$\boldsymbol{v}_2$ が次の各場合のときの $\boldsymbol{v}$ の矢線を描き，速さ v [m/s]($\boldsymbol{v}$ の矢線の長さ)を求めよ．

(1) $\boldsymbol{v}_2$ が東向きのとき
(2) $\boldsymbol{v}_2$ が西向きのとき
(3) $\boldsymbol{v}_2$ が北向きのとき
(4) $\boldsymbol{v}_2$ が北から30°西向きのとき

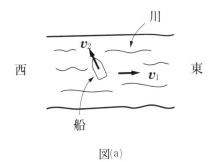

図(a)

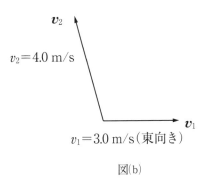

図(b)

力を表わす矢線を描く(1)

問2. 図のように，A君とB君がいっしょに質量10 kgの荷物を持ち上げている．A君は鉛直線から60°，B君は鉛直線から30°の方向に荷物を引き上げている．荷物にはA君からの力 F_A，B君からの力 F_B，および地球からの重力 F_G の3つの力が作用し，これらがつり合っているとする．以下の問で，力の大きさはニュートン単位で表わすこと．また，力の矢線にはすべて「…から荷物に」を書き添えること．

(1) 荷物に作用する重力の大きさ F_G [N] を求め，F_G を表わす矢線を描け．

(2) 3つの力 F_A，F_B，および F_G の矢線の関係を図示せよ．

(3) A君からの力の大きさ F_A [N]，およびB君からの力の大きさ F_B [N] を求めよ．

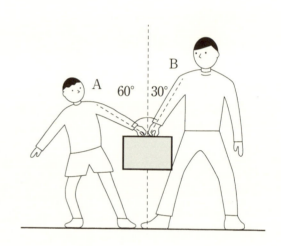

テーマ1　ベクトル量とスカラー量

力を表わす矢線を描く(2)

問3． 質量 0.10 kg のおもりを糸 A で吊るして，まず，図(a)のように静止させる．おもりには地球からの重力 $\boldsymbol{F}_\mathrm{G}$ と糸 A からの力 $\boldsymbol{F}_\mathrm{A}$ が作用している．次に，おもりに別の糸 B をつけ，図(b)のように水平方向に引いて静止させる．おもりには糸 B からの力 $\boldsymbol{F}_\mathrm{B}$ も作用している．以下の問で，力の大きさはニュートン単位で表わすこと．また，力の矢線にはすべて「…からおもりに」を書き添えること．

(1) 図(a)で，おもりに作用する力 $\boldsymbol{F}_\mathrm{G}$ と $\boldsymbol{F}_\mathrm{A}$ の矢線を描き，それらの大きさ F_G [N] と F_A [N] を求めよ．

(2) 図(b)で，$\theta=30°$ のとき，おもりに作用する力 $\boldsymbol{F}_\mathrm{G}$，$\boldsymbol{F}_\mathrm{A}$ および $\boldsymbol{F}_\mathrm{B}$ の矢線を描き，それらの大きさ F_G [N]，F_A [N] および F_B [N] を求めよ．

(3) 図(b)で，θ を任意として，力の大きさ F_A [N] と F_B [N] を θ の式で表わせ．$\theta=0°$ では(1)，$\theta=30°$ では(2)となることを確かめること．

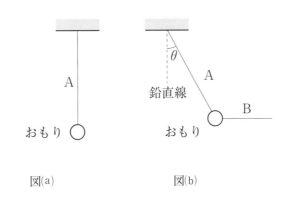

図(a)　　　　図(b)

ベクトルの式と矢線図の対応

問4. 同じ種類のベクトル A, B, C について式と矢線図との対応を考えよう。A, B の始点は同じ位置にあるとする.

(1) 任意に描いた A と B に対し, $C=A+B$ および $C=A+2B$ をそれぞれ図示せよ.

(2) 任意に描いた B に対し, $C=-B$ を図示せよ.

(3) 任意に描いた A と B に対し, $C=A-B$ および $C=B-A$ をそれぞれ図示せよ.

(4) A と B の終点どうしを結ぶ直線の中点を終点とするベクトル C の式を書け. C の始点は A, B の始点と同じ位置にあるとする.

(5) $A+B+C=0$ であるとき, A, B, C の関係を図示せよ.

テーマ1　ベクトル量とスカラー量

力がつり合う向きを見つける＊

問5. 3個のおもりA，B，Cを図のように滑車とロープを使ってつり下げると，適当な位置でつり合って静止する．A，B，Cの質量 m_A, m_B, m_C が次の値のとき，点Oを始点として，A，B，Cからくる3つの力 $\boldsymbol{F}_A$, $\boldsymbol{F}_B$, $\boldsymbol{F}_C$ のつり合いのようすを表わす矢線を描け．

(1) $m_A=5\,\mathrm{kg}$, $m_B=5\,\mathrm{kg}$, $m_C=5\,\mathrm{kg}$

(2) $m_A=5\,\mathrm{kg}$, $m_B=5\,\mathrm{kg}$, $m_C=6\,\mathrm{kg}$

(3) $m_A=3\,\mathrm{kg}$, $m_B=4\,\mathrm{kg}$, $m_C=5\,\mathrm{kg}$

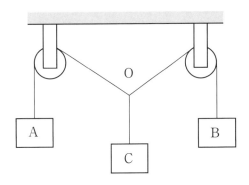

テーマ2　座標系とベクトル

座標系は原点Oで互いに直交するx軸, y軸, z軸からできている．各軸につけた等間隔目盛りで, 対象物の位置を**座標**(x, y, z)で示すことができる．

原点からこの位置へ引いた矢線を**位置ベクトル**と呼び, $\boldsymbol{r}=(x, y, z)$で表わす．さらに, x, y, z各軸の正の向きに, それぞれに大きさ1の矢線$\boldsymbol{i}, \boldsymbol{j}, \boldsymbol{k}$を定義し, **基本単位ベクトル**と呼ぶ．$\boldsymbol{i}, \boldsymbol{j}, \boldsymbol{k}$を使うと位置ベクトルは$\boldsymbol{r}=x\boldsymbol{i}+y\boldsymbol{j}+z\boldsymbol{k}$と表わされる．

他のベクトル量, たとえば力$\boldsymbol{F}$もこれらの形にならって, $\boldsymbol{F}=(F_x, F_y, F_z)$または$\boldsymbol{F}=F_x\boldsymbol{i}+F_y\boldsymbol{j}+F_z\boldsymbol{k}$と表わされる．$F_x, F_y, F_z$を力$\boldsymbol{F}$の**成分**と呼ぶ．添え字の$x, y, z$は各成分の方向を示す．たとえば$F_x$は力$\boldsymbol{F}$のうち$x$軸に平行な向きの分力を表わす．

任意のベクトル$\boldsymbol{A}, \boldsymbol{B}$について, $\boldsymbol{A}\cdot\boldsymbol{B}=AB\cos\theta$と定義される量を$\boldsymbol{A}$と$\boldsymbol{B}$の**スカラー積**(内積)と呼ぶ．$A, B$は$\boldsymbol{A}, \boldsymbol{B}$の大きさ, θは$\boldsymbol{A}$と$\boldsymbol{B}$の間の角度である．積の値は座標系によらない．θが直角のときは$\boldsymbol{A}\cdot\boldsymbol{B}=0$となる．また, $\boldsymbol{A}, \boldsymbol{B}$の成分を使うと, $\boldsymbol{A}\cdot\boldsymbol{B}=A_xB_x+A_yB_y+A_zB_z$となることが分かる．スカラー積はベクトルどうしの向きに関係する問題や力学的な仕事(テーマ13)を考えるときに役立つ．

Note 2.1.　2次元の位置ベクトル

(1) 原点Oから, 考えている位置(x, y)に向かって, ベクトルを表わす矢線を描く．

(2) 矢線の終点近くにベクトルの記号$\boldsymbol{r}$やその式を書く．距離$r=|\boldsymbol{r}|=\sqrt{x^2+y^2}$．

(3) $\boldsymbol{r}_1=x_1\boldsymbol{i}+y_1\boldsymbol{j}$と$\boldsymbol{r}_2=x_2\boldsymbol{i}+y_2\boldsymbol{j}$について,
　和　$\boldsymbol{r}_1+\boldsymbol{r}_2=(x_1+x_2)\boldsymbol{i}+(y_1+y_2)\boldsymbol{j}$,
　差　$\boldsymbol{r}_1-\boldsymbol{r}_2=(x_1-x_2)\boldsymbol{i}+(y_1-y_2)\boldsymbol{j}$.

和は$\boldsymbol{r}_1$と$\boldsymbol{r}_2$の**合成方法**を, 差は$\boldsymbol{r}_2$から$\boldsymbol{r}_1$への位置の変化(**変位**)を表わす．

Note 2.2.　2次元のスカラー積

定義：$\boldsymbol{A}\cdot\boldsymbol{B}=AB\cos\theta$

成分を使って, $\boldsymbol{A}=A_x\boldsymbol{i}+A_y\boldsymbol{j}, \boldsymbol{B}=B_x\boldsymbol{i}+B_y\boldsymbol{j}$とすると
$\boldsymbol{A}\cdot\boldsymbol{B}=(A_x\boldsymbol{i}+A_y\boldsymbol{j})\cdot(B_x\boldsymbol{i}+B_y\boldsymbol{j})=A_xB_x+A_yB_y$

∵ $\boldsymbol{i}, \boldsymbol{j}$間のスカラー積は, $\boldsymbol{i}\cdot\boldsymbol{i}=1, \boldsymbol{i}\cdot\boldsymbol{j}=\boldsymbol{j}\cdot\boldsymbol{i}=0, \boldsymbol{j}\cdot\boldsymbol{j}=1$

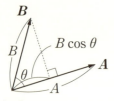

Note 2.3. 座標の発明

座標は，物体の運動を測定するために，発明された．座標系を設定して，物体の位置座標の時間変化を観測して記録する．位置座標が連なった軌道は，座標を使った式で表わされる．例えばカーナビゲーションシステムでは，人工衛星が観測した自動車の位置は，地球上に設定した座標系によって表わされる．

直交座標は，デカルトが発明したので，デカルト座標ともいう．天井に止まったハエを見て思いついたといわれている．ニュートンは，座標を使って力学を作った．

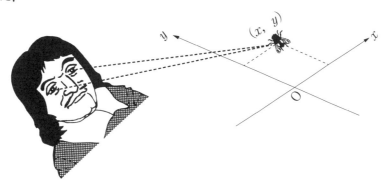

Note 2.4. ピタゴラスの定理

2点間の距離を直交座標で表わすとき，ピタゴラスの定理(三平方の定理)を使う．図のように，直角三角形の直角をはさむ辺の長さが a と b，斜辺の長さが c のとき，正方形と三角形の面積に着目して，ピタゴラスの定理 $a^2+b^2=c^2$ が導かれる．自然数の組，$a=3$, $b=4$, $c=5$ が上式を満たすことはよく知られている．一般に，次の自然数の組 a, b, c がピタゴラスの定理を満たす．

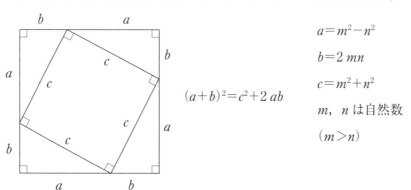

$(a+b)^2 = c^2 + 2ab$

$a = m^2 - n^2$
$b = 2mn$
$c = m^2 + n^2$
m, n は自然数
$(m > n)$

位置ベクトルと基本単位ベクトル

問1. ベクトルを座標系で表わす方法を考えよう．まず，2次元の位置ベクトルについて，次の x, y に適当な数値を使って試みること．

(1) 座標軸を描き，座標 (x, y) を指す位置ベクトル $\boldsymbol{r}$，および基本単位ベクトル $\boldsymbol{i}, \boldsymbol{j}$ を描け．

(2) $\boldsymbol{r}$ を x, y と基本単位ベクトル $\boldsymbol{i}, \boldsymbol{j}$ を使って表わせ．

(3) $\boldsymbol{r}$ の大きさ r を求めよ．r は距離である．

テーマ2 座標系とベクトル

位置ベクトルの和，差，大きさ

問2. 2次元の座標系で，2つの位置ベクトル r_1 と r_2 の和と差を計算し，それぞれの意味を考えよう．これらの座標 $(x_1,\ y_1)$ と $(x_2,\ y_2)$ に適当な数値を使って試みること．

(1) r_1 と r_2 を図示せよ．それぞれを基本単位ベクトル i，j を使って表わせ．

(2) 和 $r=r_1+r_2$ を図示せよ．図をもとにベクトルの合成のようすを説明せよ．

(3) 差 $s=r_1-r_2$ を図示せよ．s は変位ベクトルと呼ばれる．図をもとにその意味を説明せよ．

(4) r と s の大きさ r と s を求めよ．これらは平行四辺形の対角線の長さであることを説明せよ．

スカラー積の定義

問 3. 任意のベクトル A, B のスカラー積 $A \cdot B = AB\cos\theta$ の性質を調べよう.

(1) $\theta = 0°$, $60°$, $90°$, $120°$, $180°$ での $A \cdot B$ を求めよ.

(2) 適当な A, B の図を描き, スカラー積の意味を説明せよ.

(3) 同じベクトルどうしのスカラー積 $A \cdot A$ と $\sqrt{A \cdot A}$ は何を表わすか.

(4) $A \cdot B$ と θ の関係をグラフに示せ. A, B の大きさ A, B は一定とする.

テーマ 2 座標系とベクトル

成分を使うスカラー積の公式

問 4. これまでは 2 次元の問題で考えてきたが，この問では一般化して 3 次元で考える．2 次元の場合を 3 次元に拡張して計算しよう．座標の値 x, y, z は 3 次元の位置ベクトル r の成分である．これをもとに成分を使うスカラー積の公式を導こう．

(1) 3 つの基本単位ベクトル i, j, k から $i \cdot i$, $i \cdot j$, $\cdots$ などの 9 組のスカラー積をつくることができる．これらのすべてのスカラー積の値を求めよ．

(2) 位置ベクトル r_1 と r_2 のスカラー積は i, j, k の式で次の形にかける．

$$r_1 \cdot r_2 = (x_1 i + y_1 j + z_1 k) \cdot (x_2 i + y_2 j + z_2 k).$$

この右辺を展開計算せよ．(1)の結果を利用して簡単な公式にまとめること．

(3) 位置ベクトル $r_1 = (2,\ 3,\ 1)$ と $r_2 = (4,\ -3,\ 1)$ のスカラー積 $r_1 \cdot r_2$ を求めよ．

13

スカラー積を使ってみよう

問5. スカラー積を利用して次の問に答えよ．いずれも平面上の問題である．

(1) 位置ベクトル $r_1 = 3i - 4j$ と $r_2 = 12i + 5j$ の間の角度を求めよ．（電卓が必要である．）

(2) 位置ベクトル $r_0 = 3i + 4j$ の終点を通り，r_0 に直交する直線の式を求めよ．

(3) 図のベクトル a と b の大きさ（長さ）を a と b，a と b の間の角度を θ，a の終点と b の終点の間の距離を c として，$c^2 = a^2 + b^2 - 2ab\cos\theta$（余弦定理）を導け．

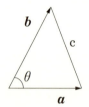

テーマ3　運動の表わし方

　物体の運動を表わすとは，物体が「いつどこにあるか」を示すことである．適当な座標系を使って「時刻 t [s] に**位置** (x, y, z) [m] にある」と示すのが確実である．原点の位置と座標軸の向きを適切に選んで，x, y, z を t の式で表わすことにする．

　位置が変わるようすを調べて**軌道**が描ける．さらに，運動の**向き**と**速さ**を確定して**速度**がわかる．位置 x [m] の1秒当りの変化率が x 軸方向の**速度成分**になる．これを v_x [m/s] で表わす．同様のことが y, z でも言える．速度のようすは**速度ベクトル** $\boldsymbol{v} = v_x \boldsymbol{i} + v_y \boldsymbol{j} + v_z \boldsymbol{k}$ [m/s] で表わされる．速さは $v = \sqrt{v_x^2 + v_y^2 + v_z^2}$ [m/s] となる．

Note 3.1.　速度を表わす式と矢線

運動が x 軸上のみで起こるとする場合：

　　速度ベクトル　　$\boldsymbol{v} = v_x \boldsymbol{i}$ [m/s]

　　速さ　　　　　　$v = |v_x|$ [m/s]

　　v_x だけで向きと速さを示せる．

運動が xy 平面上で起こるとする場合：

　　速度ベクトル　　$\boldsymbol{v} = v_x \boldsymbol{i} + v_y \boldsymbol{j}$ [m/s]

　　速さ　　　　　　$v = \sqrt{v_x^2 + v_y^2}$ [m/s]

　　v_x と v_y で向きと速さを示せる．

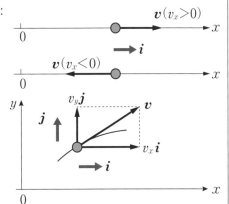

Note 3.2.　単位の書き方

　すべての物理量は単位を持つ．物理量を数値で表わすときと，記号で表わすときでは単位の書き方が異なる．それにはわけがある．

(1) 物理量を**数値**で表わすとき，単位名に**カッコをつけない**．数値と単位を合わせたものが物理量となる．

　　　　○　2.5 m　　　　×　2.5 [m]

(2) 物理量を**記号**で表わすとき，単位名に**カッコをつける**．記号はすでに単位を含んだ物理量であり，その単位をカッコつきで説明している．

　　　　○　r [m]　　　　×　r m

(3) ベクトル量では成分が単位を持つ．$\boldsymbol{i}, \boldsymbol{j}, \boldsymbol{k}$ は，単位は持たないが，**向きを持つ記号**である．この記号を使う場合は単位名に**カッコをつける**．

座標と位置ベクトル

問1. ある建物に自分が入口(O点)から入り，正面の廊下をまっすぐに9m進み(P点)，直角に左に向きを変えてさらに12m直進してエレベータに乗り込み(Q点)，そこから36m上の位置(R点)に着いたとする．O点を座標原点とし，始めの進行方向をx軸に，次の進行方向をy軸に，エレベータの進行方向をz軸にとる．P点，Q点およびR点の位置ベクトルをそれぞれ$\boldsymbol{r}_{\mathrm{P}}$，$\boldsymbol{r}_{\mathrm{Q}}$および$\boldsymbol{r}_{\mathrm{R}}$とする．

(1) これらの位置ベクトルを$\boldsymbol{r}=(x,\ y,\ z)$ [m]の形で表わせ．

(2) これらの位置ベクトルを$\boldsymbol{r}=x\boldsymbol{i}+y\boldsymbol{j}+z\boldsymbol{k}$ [m]の形で表わせ．

(3) 原点からの距離r_{Q} [m]，およびr_{R} [m]を求めよ．

(4) P点からR点への位置の変化を表わす変位ベクトル$\boldsymbol{s}=\boldsymbol{r}_{\mathrm{R}}-\boldsymbol{r}_{\mathrm{P}}$ [m]，および距離s [m]を求めよ．

テーマ3　運動の表わし方

位置から速度

問2. 穏やかな海面上を定速で航行中の船がある．原点を海面上の1点に固定し，東西に x 軸を，南北に y 軸をとり，東および北を各軸の正の方向と定義する．この座標系で，時刻 t [s]での船の位置は $x(t) = 4t$ [m]，$y(t) = 1500 - 3t$ [m]で表わされるとする．

(1) 時刻 $t = 0$ s $\sim$ 600 s の間で 100 s ごとの船の位置 $(x,\ y)$ [m]を計算し，航路を xy 平面上に描け．航路上に 100 s ごとの時刻を記入すること．

(2) 1秒当りの船の位置の変化(たとえば，$t = 100$ s と $t = 101$ s の間)を調べて，船の速度成分 v_x, v_y [m/s]，および速さ v [m/s]を求めよ．

(3) 船の速度ベクトル $\boldsymbol{v}$ [m/s]を基本単位ベクトル $\boldsymbol{i}$, $\boldsymbol{j}$ を使って表わせ．航路上の適当な位置に速度ベクトル $\boldsymbol{v}$ [m/s]を描け．この矢線の長さは自由に決めてよい．

速度から位置

問3. 海上に停泊中の船がある. 海面上に問2と同じ座標系をとるとする. 船に置かれた風速計が, 東から30°北の方角に向かって, 風速 3.0 m/s の風が吹いていることを示している.

(1) 風の速度ベクトル $\boldsymbol{v}$ [m/s] を xy 平面上に描き, 成分 v_x, v_y [m/s] を求めよ.

(2) 軽い風船がこの風に乗って, 風と同じ速度 $\boldsymbol{v}$ [m/s] で, 水平に抵抗なく運ばれているとする. 現在の位置を原点として5秒後の風船の位置 $(x(5),\ y(5))$ [m] を求めよ. その位置ベクトル $\boldsymbol{r}(5)$ [m] を xy 平面上に描け.

(3) 風船が(2)の位置まで進んだとき, 風の向きが東から45°北の方角に変わるとする. これより3秒間の風船の位置の変化を変位ベクトル $\boldsymbol{s}$ [m] で表わし, xy 平面上に描け.

(4) 原点にあったときから8秒後の風船の位置 $(x(8),\ y(8))$ [m] を求め, 位置ベクトル $\boldsymbol{r}(8)$ [m] を xy 平面上に描け.

テーマ3　運動の表わし方

放物線運動

問 4. xy 平面上である曲線に沿って運動する物体がある．時刻 t [s]での物体の位置は $x(t)=3\,t$ [m]，$y(t)=4\,t-t^2$ [m]で表わされるとする．

(1) $t=0$, 1, 2, 3, 4 s での物体の位置を計算し，運動の軌道を xy 平面上に描け．

(2) 軌道に沿って，物体の速度(向きと速さ，または成分 v_x, v_y)はどう変わるか．速度ベクトル $\boldsymbol{v}$ [m/s]の大体のようすを描いて説明せよ．

(3) x と y の直接の関係式を求めよ．

Note 3.3. ベクトルとは何だろうか

物理量は「向きと大きさを持つ」ベクトル量と「向きのない1数値だけの」スカラー量に分類される。始めに,「分類なのだ」と知ることが大切である*。

テーマ1では「向きと大きさ」を持つ速度vと力Fを矢線で表わした。この段階では「矢線を描きながら直観的な考え方を築く」ことを考えた。そこでベクトル量とは「平行四辺形による合成方法」が成り立つ物理量と定義した。

ベクトル量を表わす基本的な道具は座標系である。x, y, z各軸には,あらかじめ「向き」を定義し,「大きさ」(距離)の表現に必要な目盛をつけておく。これで「向きのある3数値＝ベクトル量」を扱う準備が整うことになる。

テーマ2問1ではxy平面上の「位置」をベクトル量と考えた。問2では「平行四辺形による合成方法」が自然に姿を現わした。位置は基礎的なベクトル量である。座標の値x, yは位置を示す「成分」である。ここで「位置ベクトル」には「位置を表わす矢線」と「その矢線を表わす式$r=xi+yj$」の2つの意味が生まれてきた。矢線の始点は(定義上)原点に固定されているが,これは位置ベクトルだけの特質である。式$r=xi+yj$の利点は右辺が成分の矢線xi, yjの「合成」を表わす形に書けていることである。

テーマ3ではベクトル量「速度」に進んだ。問2で船の位置(x, y)から速度(v_x, v_y)を得た。成分v_x, v_yはそれぞれが「向きのある数値」であった。この組み合わせで船の速度は完全に定義できた。今後「速度ベクトル」とは,「速度を表わす矢線」および「その矢線を表わす式$v=v_xi+v_yj$」のこととする。

位置や速度などは元々が分類上で「ベクトル量」である。このため「ベクトル」の図や式や説明手順に教科書による違いが起こり易い。理論が進めばベクトルにはさらに厳密な定義がなされる。本書の範囲では「○○ベクトル」は上のように「矢線」と「矢線の式」の2つの意味で使うことにする。以降の文中の○○ベクトルがこのどちらなのか(両方なのか)は前後の文から判断いただきたい。

なお,位置ベクトルが$r=(x, y, z)$と表わせたように,速度ベクトルも簡単に$v=(v_x, v_y, v_z)$と表わせる。この形も○○ベクトルを表わす完全な式である。

大切なことはこれらの記号で何が表わされているかを知ることである。

*第3の分類項目があるが,さしあたりスカラーとベクトルの2項目でよい。

テーマ4　速度と微分法

　物体が一定の速度で運動している場合，位置と速度の関係は簡単である．速度が変化する場合，位置と速度の関係はどうなるだろうか．これに答える最適の言葉が**微分法**にある．それは「瞬間的な変化率を計算する一般的な方法」である．

　まず，x 軸上での**直線運動**$(y=z=0)$で考えよう．物体が時刻 t [s]に位置 $x(t)$ [m]にあり，このすこし後の時刻 $t+\Delta t$ には $x(t+\Delta t)$ にあるとする．物体の位置の変化 $\Delta x=x(t+\Delta t)-x(t)$ [m]を**変位**と呼ぶ．変位を所要時間 Δt [s]で割った式 $\dfrac{\Delta x}{\Delta t}$ [m/s]は Δt の間の**平均速度**を表わす．この式で Δt [s]を限りなくゼロ，つまり**瞬間** dt，に近づけると，時刻 t での x 軸方向の**瞬間速度**$\dfrac{dx}{dt}$ [m/s]を表わす関数 $v_x(t)$ [m/s]が得られる．$dx,\ dt$ は $\Delta x \to 0,\ \Delta t \to 0$ の極限の**無限小の量**を表わす記号である．

　これが微分法の考え方である．以下の運動の例で式の意味を具体的に調べよう．

Note 4.1.　関数の記号の使い方

　$x=f(t)$ と書いて「x は t の関数」と考えている．これと同じ意味で，簡単に $x(t)$ と書く．たとえば，$t=10$ のときの x の値は $x=f(10)$ または $x(10)$ と書ける．記号の $=f$ がなくても同じ話ができることになる．ならば，簡潔な方がよい．

Note 4.2.　瞬間速度の計算方法

　数学的には，$x(t)$ から $v_x(t)$ を得ることを「x を t で**微分する**」と言い，$v_x(t)$ を $x(t)$ の**導関数**と呼ぶ．この手続きは極限記号 lim を使って表わされる．

　$x(t)$ の導関数 $v_x(t)$ の定義： $v_x(t)=\dfrac{dx}{dt}=\lim\limits_{\Delta t \to 0}\dfrac{\Delta x}{\Delta t}=\lim\limits_{\Delta t \to 0}\dfrac{x(t+\Delta t)-x(t)}{\Delta t}$

いろいろな関数 $x(t)$ について1回はこの手続き計算を実行しよう．納得できた後は，その結果を $x(t) \to v_x(t)$ の微分公式として使おう．

　一般に，運動する物体の位置ベクトル $\boldsymbol{r}(t)=x(t)\boldsymbol{i}+y(t)\boldsymbol{j}+z(t)\boldsymbol{k}$ と瞬間速度ベクトル $\boldsymbol{v}(t)=v_x(t)\boldsymbol{i}+v_y(t)\boldsymbol{j}+v_z(t)\boldsymbol{k}$ の間に次の関係がある．

　　成分どうしの関係： $v_x(t)=\dfrac{dx}{dt},\ v_y(t)=\dfrac{dy}{dt},\ v_z(t)=\dfrac{dz}{dt},$

　　これらをまとめて： $\boldsymbol{v}(t)=\dfrac{d\boldsymbol{r}}{dt}$　　　今後，速度とはこの瞬間速度のことを言う．

瞬間速度の考え方

問1. 空港の滑走路に沿って x 軸をとる．あるジェット機が離陸するために，滑走路の一端 $(x=0)$ で一時停止した後，加速を始めた．スタートから t [s] 後のジェット機の位置は $x(t)=1.6\,t^2$ [m] で表わされた．

(1) t と x の関係を表わすグラフを描け．

(2) $t=10.0$ s と $t=10.1$ s の間の平均速度を求めよ $(\varDelta t=0.1\text{ s})$．

(3) $t=10$ s での瞬間速度を求めよ（上問で，$\varDelta t \to 0$ と考える）．

(4) 任意の時刻 t での瞬間速度 $\dfrac{dx}{dt}$ [m/s] を表わす関数 $v_x(t)$ [m/s] を求めよ．（導関数の定義を使う）．

(5) $t=5$ s および $t=10$ s のときの速度ベクトルを x 軸上の適切な位置に描け．

テーマ4　速度と微分法

瞬間速度と微分法

問2. 前問と同様の x 軸上の直線運動で，物体が時刻 t [s]に位置 $x(t)$ [m]にある
とする．以下のそれぞれの場合について，t と x の関係をグラフに描き，Note 4.2.
の導関数の定義に従って，瞬間速度 $\dfrac{dx}{dt}$ [m/s]を表わす関数 $v_x(t)$ [m/s]を求めよ．

(1)　$x(t)=10\,t$

(2)　$x(t)=1.5\,t^2$

(3)　$x(t)=t^3$

位置から速度

問3. 空港の滑走路に沿って x 軸をとる. あるジェット機が着陸し停止するために, 滑走路に車輪を着け, 地上での減速態勢に入った. 減速開始点を $x=0$ とすると, これより t [s]後のジェット機の位置は $x(t)=80\,t-2\,t^2$ [m]で表わされた.

(1) t と x の関係を表わすグラフを描け.

(2) 時刻 t での瞬間速度 $\dfrac{dx}{dt}$ [m/s]を表わす関数 $v_x(t)$ [m/s]を求めよ.

(3) t と v_x の関係を表わすグラフを描き, (1)のグラフとの関連を説明せよ.

(4) ジェット機が停止するまでの時間 t [s], およびその間に走る距離 x [m]を求めよ.

(5) $t=0$ s および $t=10$ s のときの速度ベクトルを x 軸上の適切な位置に描け.

テーマ4 速度と微分法

速度から位置

問 4. 直線道路で，ある自動車の加速，定速，減速の各種の走行テストが行われ，時間 t [s]とスピードメーターが示す速さ v [m/s]の間に図のような関係が得られた．道路に沿って x 軸をとる．

(1) 加速中($0\,\text{s} \leq t \leq 10\,\text{s}$)の自動車の速度を表わす関数 $v_x(t)$ [m/s]を求めよ．

(2) 加速中($0\,\text{s} \leq t \leq 10\,\text{s}$)の自動車の位置を表わす関数 $x(t)$ [m]を求めよ．

(3) 関数 $x(t)$ [m]は図の斜線部の面積を表わすことを説明せよ．

(4) スタートから停止までの全走行距離を求めよ．

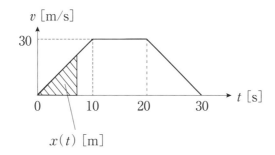

テーマ5 加 速 度

　速度の時間変化率を加速度と定義する．純粋な等速度運動はめったにない．ほとんどすべての運動には加速度がともなう．**運動方程式　質量×加速度＝力**　は加速度と力の関係を示している．力（合力）がゼロでないとき，加速度が発生する．

　一般に，運動する物体の位置ベクトル $r(t)$ [m]を時間 t [s]で微分すると物体の速度ベクトル $v(t)$ [m/s]が得られる（Note 4.2.）．この $v(t)$ をさらに t で微分すると物体の**加速度ベクトル** $a(t)=a_x(t)i+a_y(t)j+a_z(t)k$ [m/s^2]が得られる．$a(t)$ は $r(t)$ を t で2回微分したものである．加速度を数学的に定義する手段はこれで十分である．

　力学の理解を深めるためには**加速度のイメージ形成**が大切である．速度の変化する物体から加速度ベクトル $a(t)$ の矢線が伸びているようすを想像しよう．これは以下の各テーマの実例を通して学ぶのが確実である．ここでは，テーマ4と同様に，x 軸上の運動を考える．

Note 5.1.　加速度を微分で表わす式

x 成分 $a_x(t)$ の定義：

$$a_x(t)=\frac{dv_x}{dt} \qquad 速度の x 成分 v_x(t)\left(=\frac{dx}{dt}\right)を t で微分する.$$

$$=\frac{d}{dt}\left(\frac{dx}{dt}\right)=\frac{d^2x}{dt^2} \qquad x(t) を t で2回微分するときの表わし方$$

加速度の単位：$dv_x(t)$ [m/s]をさらに dt [s]で割っているので $\dfrac{dv_x}{dt}$ [m/s^2]

　　　　　これを「メートル毎秒毎秒」と読む．

y 成分と z 成分：$a_y(t)=\dfrac{dv_y}{dt}=\dfrac{d^2y}{dt^2}$, $a_z(t)=\dfrac{dv_z}{dt}=\dfrac{d^2z}{dt^2}$

これらをまとめて：

$$a(t)=\frac{dv}{dt}=\frac{d^2r}{dt^2} \qquad r(t) を t で2回微分するときの表わし方$$

Note 5.2.　力だめし

　運動方程式では　質量 [kg]×加速度 [m/s^2]＝力 [N]　の単位を使う．以下の各問に，力 [N]の試算例がある．それぞれの物体に作用する力はどこからくるのだろうか．力の矢線を描き，「…から…に」の…を考えてみよう．

テーマ5　加　速　度

一様な加速

問1. まず，日常的な場面での加速度を求めよう．直線道路上を速さ 15 m/s で走っていた自動車が，20 秒かけてスピードを上げ，速さ 27 m/s になった．この間の加速は一様である（速さの変化率が一定である）とする．現在の進行方向を x 軸の正の方向とし，加速開始時刻を $t=0$ とする．

⑴　加速度 a_x [m/s²] を求めよ．

⑵　加速中の速度 v_x [m/s] を時刻 t [s] で表わす式を求めよ．

⑶　⑵の式をもとに，$0\,\text{s} \leqq t \leqq 25\,\text{s}$ の範囲で t と v_x の関係を表わすグラフを描け．そのグラフの傾きは何を意味するか．

⑷　自動車の質量が 1000 kg のとき，加速中の自動車に作用する力の大きさを求めよ．

減速は負の加速

問2. 直線道路で速さ $20\,\mathrm{m/s}$ で走っている自動車を5秒で停止させたい．減速を一様に行うとする．現在の進行方向を x 軸の正の方向とし，減速開始時刻を $t=0$ とする．

(1) 加速度 $a_x\,[\mathrm{m/s^2}]$ を求めよ．

(2) 加速中の速度 $v_x\,[\mathrm{m/s}]$ を時刻 $t\,[\mathrm{s}]$ で表わす式を求めよ．

(3) (2)の式をもとに，$0\,\mathrm{s} \leqq t \leqq 5\,\mathrm{s}$ の範囲で t と v_x の関係を表わすグラフを描け．そのグラフの傾きは何を意味するか．

(4) 自動車の質量が $1000\,\mathrm{kg}$ のとき，加速中の自動車に作用する力の大きさを求めよ．

テーマ5　加　速　度

速度から加速度へ

問3. 空港の滑走路を走るジェット機の加速度を微分法で計算し，図に描こう．

(1) テーマ4問1では，ジェット機の位置は $x(t) = 1.6\,t^2\,[\mathrm{m}]$ で表わされた．このジェット機の加速度 $a_x\,[\mathrm{m/s^2}]$ を求めよ．

(2) (1)の場合で，$t = 10\,\mathrm{s}$ での速度ベクトルおよび加速度ベクトルを x 軸上の適切な位置に描け．

(3) テーマ4問3では，ジェット機の位置は $x(t) = 80\,t - 2\,t^2\,[\mathrm{m}]$ で表わされた．このジェット機の加速度 $a_x\,[\mathrm{m/s^2}]$ を求めよ．

(4) (3)の場合で，$t = 10\,\mathrm{s}$ での速度ベクトルおよび加速度ベクトルを x 軸上の適切な位置に描け．

位置 → 速度 → 加速度 → 力(1)

問4. ピッチャーからキャッチャーに直球が投げられた. ピッチャーはボールを直線的に動かせて投げたと仮定する. この直線を x 軸とし, ボールが加速される向きを x 軸の正の方向とする. ボールの加速開始時刻を $t=0$ s, そのときの位置を $x=0$ m(原点)とすると, ボールの位置は $x(t)=200\,t^2$ [m]で表わされた.

(1) 時刻 t [s]での速度 $v_x(t)$ [m/s]を求めよ.

(2) 時刻 t [s]での加速度 $a_x(t)$ [m/s^2]を求めよ.

(3) ボールの質量が 150 g のとき, 加速中に手からボールに作用している力の向きと大きさを求めよ.

(4) ボールは, 時刻 $t=0.10$ s で手から放たれた. 時刻 $t=0.10$ s のときのボールの位置 $x(0.10)$ [m]と速度 $v_x(0.10)$ [m/s]を求めよ.

テーマ5　加　速　度

位置→速度→加速度→力(2)

問5. 問4でピッチャーから投げられたボールをキャッチャーが受け止めた. キャッチャーは, 飛んできたボールの速度の向きを変えず, ミットを直線的に手前に引きながらこのボールを減速させたと仮定する. この直線を新しい x 軸とし, ボールの減速開始時刻を $t=0$ s, そのときの位置を $x=0$ m (原点) とすると, ボールの位置は $x(t)=-4000\,t^2+40\,t$ [m] で表わされた.

(1)　時刻 t [s] での速度 $v_x(t)$ [m/s] を求めよ.

(2)　時刻 t [s] での加速度 $a_x(t)$ [m/s²] を求めよ.

(3)　ボールの質量が 150 g のとき, 減速中に手からボールに作用している力の向きと大きさを求めよ.

(4)　ボールが止まった時刻 t_1 [s] とそのときの位置 $x(t_1)$ [m] を求めよ.

単振動の速度と加速度*

問 6. 図のようにばねの 1 端に質量 m [kg] のおもりをとりつけ，摩擦のない水平面の上でおもりを振動させた．図のように x 軸をとり，ばねが自然長のときのおもりの位置を原点 O とすると，時刻 t [s] でのおもりの位置は，$x(t) = A \cos(\omega t)$ [m] で表わされた．この運動は単振動と呼ばれる．

(1)　t と x の関係を表わすグラフを描け．

(2)　時刻 t [s] での速度 $v_x(t)$ [m/s] を求め，t と v_x の関係を表わすグラフを描け．

(3)　時刻 t [s] での加速度 $a_x(t)$ [m/s^2] を求め，t と a_x の関係を表わすグラフを描け．

テーマ6 放物運動(1)

　空を飛ぶボールの運動はよく見慣れている．その様子にはどこか共通点がある．空気の影響を除くと運動は鉛直平面で起こることが知られている．地表面に固定した座標軸を使って，これらの運動を正確に表わすことができる．ここでは鉛直線を z 軸とし，上向きを正の方向とする．x 軸と y 軸は水平面上にある．

　時刻 t [s]でのボールの位置 $r(t)$ [m]を表わす式の形は**観測で確認**されている．この式に $t=0, 1, 2, \cdots$ などを代入して，ボールの軌道をたどることができる．

　位置 $r(t)$ を t で微分して速度 $v(t)$ [m/s]を表わす式が得られ，さらに微分して加速度 $a(t)$ [m/s^2]を表わす式が得られる．これらの式をそろえて，運動の特徴を分析できるし，さまざまな応用問題を解くことができる．その際に，運動に共通の規則を引き出すことが大切である．次には，この規則を出発点にできる．

Note 6.1. 放物運動の軌道を観測すると

座標軸：

　放物運動は鉛直平面上(2次元)で起こるので，$y=0$ とする．x 軸と z 軸を右図のようにとる（y 軸は紙面に垂直，表から裏へ）．

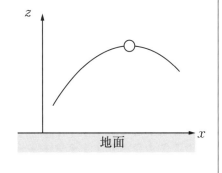

位置の時間変化を観測した結果は次の式で表わされる．

　　座標 (x, z) では　$x = x_0 + V_{0x} t$ [m],　$z = z_0 + V_{0z} t - \dfrac{1}{2} g t^2$ [m]

　　位置ベクトルでは　$r(t) = x\boldsymbol{i} + z\boldsymbol{k} = (x_0 + V_{0x} t)\boldsymbol{i} + (z_0 + V_{0z} t - \dfrac{1}{2} g t^2)\boldsymbol{k}$ [m]

　　　　　　　　　　$= r(0) + v(0)\, t - \dfrac{1}{2} g t^2 \boldsymbol{k}$ [m]

式中の定数と係数の意味は以下の問を解きながら理解しよう．位置 $r(t)$ から

　　速度ベクトル $v(t) = \dfrac{dr}{dt}$，加速度ベクトル $a(t) = \dfrac{dv}{dt}$

を計算して考えよう．$r(0)$, $v(0)$, $a(0)$ は何だろうか．

Note 6.2. 速度は軌道の接線方向

速度は軌道の**接線方向**を向く．これは物理的に明らかなことであるが，数学的には次の形で示される．

速度ベクトルの傾きを速度成分 v_x と v_z の比で表わすと

$$\frac{v_z}{v_x} = \frac{\dfrac{dz}{dt}}{\dfrac{dx}{dt}} = \frac{dz}{dx}$$

となる．$\dfrac{dz}{dx}$ は，図の軌道の**接線の傾き**に等しい．

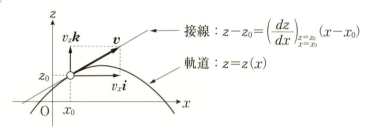

接線：$z - z_0 = \left(\dfrac{dz}{dx}\right)_{\substack{z=z_0 \\ x=x_0}} (x - x_0)$

軌道：$z = z(x)$

Note 6.3. 質　点

物体はすべて独自の形，大きさ，質量を持っている．たいていの場合，物体の形や大きさも運動に係わりを持っている．しかしながら，放物運動などでは形や大きさのことは無視して，質量だけを考えればよい．なぜだろうか．

ボールが空を飛ぶとき，ボールの**重心**が放物線を描いている．ラグビーボールなどの飛び方を見ると，自転のような回転がボールの重心のまわりに起こるようすが推察できる．重心はこのように**物体の位置を代表する点**である．このとき，**質量が重心に集中している**とみなしてよい．

物体を質量を持つ点とみなし，**質点**と呼ぶ．この考え方は力学の体系の中で基本的な役割りを果している．

地球を質点とみなすことで簡単になることがたくさんある．

テーマ6　放物運動(1)

初速ゼロで落とすと

問1. 平地の 100 m 上空に止まっている気球からボールを初速度ゼロで自由落下させた．気球の真下の地面に原点をとり，鉛直上向きに z 軸をとると，スタートから t [s]後のボールの位置は $z=100-4.9\,t^2$ [m]で表わされた．

(1) t を横軸に，z を縦軸にとって，t に対する z のグラフを描け．

(2) スタートから t [s]後のボールの速度成分 v_z [m/s]を表わす式を求めよ．

(3) スタートから t [s]後のボールの加速度成分 a_z [m/s^2]を表わす式を求めよ．

(4) ボールが地面に着くのに要する時間 t_1 [s]，およびその瞬間のボールの速さ $v(t_1)$ [m/s]を求めよ．

鉛直に投げ上げると

問2. ある投射装置を使って，ボールを地面から真上に速さ 20 m/s で投げ上げた．装置の位置を原点とし，鉛直上向きに z 軸をとると，投射から t [s] 後のボールの位置は $z = 20t - 4.9t^2$ [m] で表わされた．

(1) t を横軸に，z を縦軸にとって，t に対する z のグラフを描け．

(2) スタートから t [s] 後のボールの速度成分 v_z [m/s] を表わす式を求めよ．

(3) スタートから t [s] 後のボールの加速度成分 a_z [m/s^2] を表わす式を求めよ．

(4) ボールが最高点に達するのに要する時間 t_1 [s]，およびその高さ $z(t_1)$ [m] を求めよ．

テーマ6　放物運動(1)

水平に投げ出すと

問3. 問1の気球からボールを水平方向に速さ 20 m/s で投げ出した．問1の z 軸および地上で水平方向に引いた x 軸を使うと，スタートから t [s]後のボールの位置は $x=20\,t$ [m]，$z=100-4.9\,t^2$ [m]で表わされた．

(1) ボールの軌道を描け．（$t=0$ s，1 s，2 s，…での座標(x, z)を計算し，座標平面上でスムーズにつなぐ.）

(2) スタートから t [s]後のボールの速度成分 v_x, v_z [m/s]を表わす式を求めよ．$t=2$ s での速度ベクトル $\boldsymbol{v}(2)$ [m/s]を求め，軌道上に描け．

(3) スタートから t [s]後のボールの加速度成分 a_x, a_z [m/s^2]を表わす式を求めよ．$t=2$ s での加速度ベクトル $\boldsymbol{a}(2)$ [m/s^2]を求め，軌道上に描け．

(4) ボールが地面に着くのに要する時間 t_1 [s]，およびそのときの速度ベクトル $\boldsymbol{v}(t_1)$ [m/s]と速さ $v(t_1)$ [m/s]を求めよ．

(5) 地面に着くときのボールの軌道と地面(水平面)の間の角度 θ [°]を求めよ．

斜めに投げ上げると

問 4. 地面(原点)から打たれたゴルフボールが t [s]後に xz 平面上の位置(座標軸のとりかたは問 3 と同じとする)　$x=30\,t$ [m], $z=20\,t-4.9\,t^2$ [m]を飛んでいた.

(1) ボールの軌道を描け.

(2) 運動中のボールの速度成分 v_x, v_z [m/s]を表わす式を求めよ. $t=2$ s での速度ベクトル $\boldsymbol{v}(2)$ [m/s]を求め, 軌道上に描け.

(3) 運動中のボールの加速度成分 a_x, a_z [m/s²]を表わす式を求めよ. $t=2$ s での加速度ベクトル $\boldsymbol{a}(2)$ [m/s²]を求め, 軌道上に描け.

(4) ボールが地面を離れるときの速さ $v(0)$ [m/s]と水平面からの角度 θ [°]を求めよ.

(5) ボールの最高到達点の座標の値 x_1, z_1 [m]を求めよ.

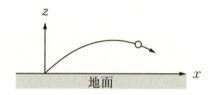

テーマ6　放物運動(1)

共通する事柄を簡潔に

問5. 以上の問1〜4で，ボールの飛び方はさまざまである．これらに共通のことがらに注目しておこう．微分の計算および運動方程式をもとに次のことを説明せよ．

(1)　問1〜4で答が同じになることがひとつある．どのようなことか．

(2)　運動方程式を使うと，どのようなことがわかるか．

テーマ7　円　運　動

太陽を回る惑星，地球を回る衛星，遊園地の回転ブランコなど円運動に近い運動を行う物体の例は多い．カーブを走る自動車やランナーなど部分的に円運動を行うものは数限りなくある．さて，加速度はどうなるか．これが今回のテーマである．

軌道を円と決めると話を進めやすい．ここでは，半径 r [m] の**等速円運動**を考えよう．**回転の速さ**を表わすために**角速度** ω [rad/s] を使う．座標 (x, y) を使って，物体の位置，速度，加速度を表わすために，三角関数とその導関数が必要になる．これらを使って運動のようすを調べると，加速度が**円の中心を向く**ことがわかる．

加速度と**同じ向きの力がある**はず，と推察することが大切である（テーマ8）．

Note 7.1.　角度の表わし方

直角を $90°$ とする角度表現法は便利な約束ごとである．しかし，三角関数の微分を表わす変数には適していない．このためには，角度を「自然で合理的な」方法で表わす必要がある．扇形の　円弧長／半径　の値で角度を表わすことができる．この値に単位名 rad（ラジアン）をつけて角度であることを示す．

この角度表現法を**弧度法**と呼ぶ．半円弧長／半径　より，π [rad]＝$180°$ である．

Note 7.2.　等速円運動の速度と加速度

図の円周上を一定の速さ v [m/s] で移動する物体の位置，速度，加速度の表わし方を考える．物体の $t＝0$ での初期位置を $\boldsymbol{r}(0)＝r\boldsymbol{i}$ とする．次の式を考えよう．

角速度の定義；$\omega＝\dfrac{v}{r}$ [rad/s]　　　1秒当りの回転角

位置ベクトル；$\boldsymbol{r}(t)＝r\cos\omega t\,\boldsymbol{i}+r\sin\omega t\,\boldsymbol{j}$　　　定義

三角関数の微分；$\dfrac{d(\sin\omega t)}{dt}＝\dfrac{d(\sin\omega t)}{d(\omega t)}\cdot\dfrac{d(\omega t)}{dt}＝\cos\omega t\cdot\omega＝\omega\cos\omega t$

速度ベクトル；$\boldsymbol{v}(t)＝\dfrac{d\boldsymbol{r}}{dt}＝-r\omega\sin\omega t\,\boldsymbol{i}+r\omega\cos\omega t\,\boldsymbol{j}$　　　接線方向

加速度ベクトル；$\boldsymbol{a}(t)＝\dfrac{d\boldsymbol{v}}{dt}＝-r\omega^2\cos\omega t\,\boldsymbol{i}-r\omega^2\sin\omega t\,\boldsymbol{j}＝-\omega^2\boldsymbol{r}(t)$　　　中心方向

速さと加速度の大きさ；$v＝|\boldsymbol{v}(t)|＝r\omega$ [m/s]，$a＝|\boldsymbol{a}(t)|＝r\omega^2＝\dfrac{v^2}{r}$ [m/s²]

テーマ7　円　運　動

角度の合理的な表現法

問1．弧度法による角度の表わし方について次の問に答えよ．

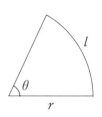

(1) 角度 θ [rad]を表わすために右図のような扇形が利用できる．どうすればよいか．図の l, r に適当な数値を使って説明せよ．1 rad は何度か．

(2) 180°，90°，60°，45°，30°，360°，1000° を rad で表わせ．

(3) 100 m 先の高さ 5 m の木を見るとき，木の先端と根元の間の視角を求めよ．

(4) $\theta = 0.1$ rad での，$\sin\theta$, $\cos\theta$, $\tan\theta$ を求めよ．

(5) $\theta \ll 1$ rad のとき，$\sin\theta \fallingdotseq \theta$，$\cos\theta \fallingdotseq 1$ と近似できる．この理由を説明せよ．

(6) Note 7.2. の角速度の定義 $\omega = \dfrac{v}{r}$ [rad/s] の意味を扇形を使って説明せよ．

1秒当りに回る角度をラジアン単位で

問2. 次の各物体は等速円運動を行っていると仮定する．それぞれの場合の角速度 ω [rad/s] を求めよ．

(1) 半径 100 m の円周道路を速さ 15 m/s で走る自動車

(2) ちょうど 6 時間で地球を 1 周する人工衛星

(3) 太陽を中心として公転する地球

(4) 原子核の周りを 1 秒間に 7×10^{15} 回まわる電子

テーマ7 円 運 動

ある円運動の速度と加速度

問3. xy 平面上を運動する質点の座標が $x=2\cos(\pi t)$ [m], $y=2\sin(\pi t)$ [m]で表わされているとする.

  (1) t と x および t と y の関係をグラフに描け. 運動の周期(1周する時間)は何秒か.

  (2) 質点の軌道を描け. 質点が x 軸上および y 軸上を通過する時刻を各通過点の脇に記入すること.

  (3) 質点の速度成分 v_x, v_y [m/s]を求めよ. さらに, 速度ベクトル $\boldsymbol{v}$ [m/s]およびその大きさ(速さ)v [m/s]を求めよ.

  (4) 質点の加速度成分 a_x, a_y [m/s²]を求めよ. さらに, 加速度ベクトル $\boldsymbol{a}$ [m/s²]およびその大きさ a [m/s²]を求めよ.

  (5) 質点が y 軸上を通過するときの $\boldsymbol{v}$ と $\boldsymbol{a}$ を軌道上に図示せよ.

円運動の速さと加速度の大きさ

問4. 円運動を行う次の物体の速さ v [m/s] と加速度の大きさ a [m/s²] を求めよ.

(1) 時速 900 km で半径 50 km の円を描いて旋回する飛行機

(2) 半径 10 m の円周上を 10 秒間で 1 周する回転ブランコ

(3) 赤道上の物体(地球の周囲を 4 万 km とする)

テーマ7 円運動

円運動から，sin, cos の微分は cos, −sin

問5． xy 座標平面上で，原点を中心とする半径 1 m の円周上を速さ 1 m/s で運動する点を考えよう．この点は時刻 $t=0$ s に位置 $(1, 0)$ m を通過し，時刻 t [s] での点の位置ベクトル $\boldsymbol{r}$ [m] と速度ベクトル $\boldsymbol{v}$ [m/s] は図のようになっているとする．この運動について，次の問に答えよ．

(1) 点の角速度 ω [rad/s] を求めよ．

(2) 時刻 t [s] での点の座標 (x, y) [m] を求めよ．

(3) 速度ベクトル $\boldsymbol{v}$ の向きは円の接線方向であり，大きさは $v=1$ m/s である．この図をもとに，時刻 t [s] での点の速度成分 v_x, v_y [m/s] を求めよ．

(4) 点の座標 (x, y) に対し，$\dfrac{dx}{dt}=-\sin t$，$\dfrac{dy}{dt}=\cos t$ であることを説明せよ．

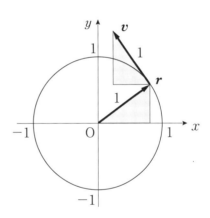

テーマ8　力と運動の法則

　力学の基本法則は**運動の3法則**と万有引力（テーマ10）などの力の由来に関する法則である．すべてはこれらの法則から出発する．Note 8.1.の3法則を見よう．ここで，特に注目するのは第2法則の**運動方程式**である．この式の発見によって，力と運動の考え方がわかり，複雑な現象を解析する技法が示された．

　運動方程式は力と加速度の関係を示している．放物運動（テーマ6）の例のように，外見は違うが加速度が同じ運動は無数に存在する．加速度から速度と位置を求めることが必要になる．ここで，微分の逆として，**積分**の計算法を学ぼう．具体的な問題を解きながら，微積分の意味を理解し，活用法をマスターしてゆこう．

Note 8.1.　運動の3法則

第1法則（慣性の法則）

　物体が他の物体から力を受けないとき，物体は静止し続けるか，または等速直線運動を続ける．

第2法則（運動方程式）

　質点に力が作用すると加速度が発生する．質点の質量 m，加速度 $\boldsymbol{a}$，力 $\boldsymbol{F}$ の間には次の関係が成り立つ．

$$m\boldsymbol{a}=\boldsymbol{F}$$

第3法則（作用反作用の法則）

　質点Aから質点Bに力 $\boldsymbol{F}_{AB}$ が作用すると，質点Bから質点Aに力 $\boldsymbol{F}_{BA}$ が作用する．どんな場合でも次の式が成り立つ．

$$\boldsymbol{F}_{BA}=-\boldsymbol{F}_{AB}$$

Note 8.2.　力の単位（国際単位系）

　質量1kgの質点が大きさ$1\,\mathrm{m/s^2}$の加速度で運動しているとき，その質点に作用している力の大きさを1N（1ニュートン）と定義する．

　　$1\,\mathrm{N}=1\,\mathrm{kg}\times1\,\mathrm{m/s^2}=1\,\mathrm{kg\cdot m/s^2}$　　単位表現の同等性

　質量の1kg，長さの1m，時間の1sは別の方法で定義されている．

テーマ8　力と運動の法則

Note 8.3.　運動方程式の考え方

運動方程式の使い始めで，まず，課題の見方を次のように区分してみよう．

① このような運動が実現している．どのような力が作用しているか．

　　位置→速度→加速度→力　と進む．　　　微分的課題

② このような力が作用している．どのような運動が実現するか．

　　力→加速度→速度→位置　と進む．　　　積分的課題

③ このような運動を実現させたい．どのような力が必要か．

　　指定条件に従って，①，②を双方向的に使う．　　　応用的課題

実際の力学的環境はさまざまである．必要に応じて①，②の視点を切換える．

Note 8.4.　微分と積分

加速度 a は速度 v を時間 t で微分したものである．運動方程式を Note 8.3. の②の考え方で扱おうとするとき，新しいタイプの問題が生まれる．

　1次元の問題：$a_x(t)$ がわかっているとき，$\dfrac{dv_x}{dt}=a_x(t)$ となる $v_x(t)$ は何か？この考え方，「**微分して…となるもの**」を求める計算は**積分**と呼ばれる．

　積分計算の表わし方：$v_x(t)=\displaystyle\int a_x(t)\,dt=\cdots$　　　記号 $\displaystyle\int$ はインテグラルと読む．計算を実行するには微分公式を逆に使う．表紙見返しページに公式集がある．

　a_x が一定の場合：$v_x(t)=\displaystyle\int a_x dt=a_x t+c$　　　c は任意の定数である．

　検算として微分：$\dfrac{dv_x}{dt}=a_x$　　　上の定数 c が消えることに注目しよう．

　一般に，定数項は微分計算でゼロとなる．逆に，積分計算で得られる式にはいつでも定数項を加えることができる．定数の値は自由に選べるので，特定の（たとえば，$t=0$ での）速度や位置などの値を式に組み入れることができる．

　この定数のことを数学では**積分定数**，物理では**初期値**と呼ぶ．

計算の例

積分計算の表わし方および積分定数と初期値の扱い方の例：

　$a_x=2\,\text{m/s}^2$ ならば，$v_x=\displaystyle\int 2\,dt=2t+c$ [m/s]，まず積分定数 c が現われる．次に $v_x=\dfrac{dx}{dt}$ より，$x=\displaystyle\int(2t+c)\,dt=t^2+ct+c'$ [m]，積分定数 c' が現われる．c と c' は任意に選べる．たとえば，$t=0$ で $v_x=10\,\text{m/s}$，$x=15\,\text{m}$ の初期値を持つとすると，$v_x=2t+10$ [m/s]，$x=t^2+10t+15$ [m] となる．

運動方程式

問1. 次の_____に相当する数値を記入せよ. 質点は力の方向に自由に動けるとする. (Note 8.3. の①, ②, ③の基本形)

(1) 質量5 kgの質点がある方向に加速度4 m/s^{2}で一様に加速されつつある. 質点には加速度と同じ向きに_____Nの力が作用している.

(2) 質量5 kgの質点に大きさ50 Nの一定方向の力が作用している. 質点は力と同じ向きに加速度_____m/s^{2}で一様に加速される.

(3) 質量5 kgの静止している質点に一定の力を作用させ, 10秒後に速さ30 m/sとしたい. 必要な力の大きさは_____Nである.

テーマ8　力と運動の法則

加速度から力

問2. 質量 $2\,\mathrm{kg}$ の質点が，x 軸上で次の各式で表わされる運動をしている．それぞれの場合の運動のようすをグラフに描いて説明し，質点に作用している x 軸方向の力 $F_x\,[\mathrm{N}]$ を求めよ．$t=1\,\mathrm{s}$ のときの $F_x\,[\mathrm{N}]$ を表わす矢線を描け．

(1)　$x=50\,t+100\,[\mathrm{m}]$

(2)　$x=5\,t^2+50\,t+100\,[\mathrm{m}]$

(3)　$x=20\,t-4.9\,t^2\,[\mathrm{m}]$

(4)　$x=0.1\sin(\pi t)\,[\mathrm{m}]$

運動方程式を解く (1)

問 3. 自由に動ける質量 m [kg]の質点に x 軸方向の力 F_x [N]が作用する場合を考える. 質点の運動は x 軸上のみで起こるとする. その加速度を a_x [m/s^2]および速度を v_x [m/s]とする.

(1) 質点の x 軸方向の運動方程式を書け. a_x, v_x, x の間の関係式も挙げること.

(2) 以下では, $m=10$ kg, $F_x=100$ N とする. 時刻 t [s]での質点の速度 $v_x(t)$ [m/s]を求めよ. 質点は初め ($t=0$ には) 静止しているとする.

(3) 時刻 t [s]での質点の位置 $x(t)$ [m]を求めよ. 質点は初め ($t=0$ には) 原点にあるものとする.

テーマ8　力と運動の法則

運動方程式を解く(2)

問4. 水平な氷面上に置かれた質量 5 kg の物体を手で押し，速さが 2.0 m/s になったときに手を放した．その後，物体は直線的に進みながら一様に減速され，やがて停止した．運動中は，氷面から物体に大きさ 1.0 N の摩擦力が作用することがわかっている．物体の進行方向を x 軸の正の方向として，この力は $F_x = -1.0$ N と表わされる．物体の加速度を a_x [m/s^2] および速度を v_x [m/s] とする．

(1) 手を放した後の物体の x 軸方向の運動方程式を書け．a_x, v_x, x の間の関係式も挙げること．

(2) 手を放してから t [s] 後の物体の速度 $v_x(t)$ [m/s] を求めよ．$v_x(0) = 2.0$ m/s とする．

(3) 手を放してから t [s] 後の物体の位置 $x(t)$ [m] を求めよ．$x(0) = 0$ とする．

(4) 物体が停止するまでの時間および停止するまでに滑る距離を求めよ．

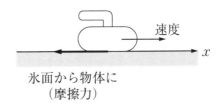

氷面から物体に
（摩擦力）

望む運動を実現させたい

問5. 質量 1000 kg のエレベータを運転するために必要な力について考えよう．次の問(1)〜(3)で，力とはワイヤーからエレベータに作用する力とする．座標軸のとり方や，力，加速度など計算に必要な記号は自分で定義して使うこと．

(1) エレベータを静止させておくための力を求めよ．

(2) 静止していたエレベータを引き上げ，3秒後に速さ 1.8 m/s としたい．このために必要な力を求めよ．

(3) エレベータを等速で引き上げるための力を求めよ．

(4) 速さ 1.8 m/s で上昇しているエレベータにブレーキをかけ，2秒間で停止させたい．ワイヤーからエレベータへの力は(3)の場合と同じとする．ブレーキからエレベータに作用する力の大きさを求めよ．

テーマ9　放物運動(2)

世界のどの地域でも，空を飛ぶボールは大きさ $g=9.8\,\mathrm{m/s^2}$ の下向きの加速度で運動する．サッカー，野球，ゴルフすべて同じである．加速度があれば力がある．

運動方程式は質量 $m\,[\mathrm{kg}]$ の物体には下向きに大きさ $mg\,[\mathrm{N}]$ の力が作用することを示している．

放物運動では水平方向の速度成分は変わらない．小さな空気抵抗を無視するとして，水平方向に作用する力はない．それで，なじみ深い放物線軌道が現われる．

ここでは，テーマ6と同じことを運動方程式から出発して解いてみよう．

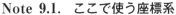

Note 9.1.　ここで使う座標系

鉛直上方を z 軸の正の方向とする．
水平方向に作用する力はない．
物体の運動は鉛直面内で起こる．
この面は位置と速度の初期値
(初期条件)で決まる．

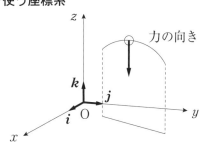

Note 9.2.　放物運動の運動方程式

運動方程式の一般形： $m\boldsymbol{a}=\boldsymbol{F}$

加速度 $\boldsymbol{a}$ の一般形： $\boldsymbol{a}=\dfrac{d\boldsymbol{v}}{dt}=\dfrac{dv_x}{dt}\boldsymbol{i}+\dfrac{dv_y}{dt}\boldsymbol{j}+\dfrac{dv_z}{dt}\boldsymbol{k}=\dfrac{d^2x}{dt^2}\boldsymbol{i}+\dfrac{d^2y}{dt^2}\boldsymbol{j}+\dfrac{d^2z}{dt^2}\boldsymbol{k}$

速度 $\boldsymbol{v}$ の一般形： $\boldsymbol{v}=\dfrac{d\boldsymbol{r}}{dt}=\dfrac{dx}{dt}\boldsymbol{i}+\dfrac{dy}{dt}\boldsymbol{j}+\dfrac{dz}{dt}\boldsymbol{k}$

放物運動を起こす力： $\boldsymbol{F}=-mg\boldsymbol{k}$ 　　鉛直下向きの成分のみ

放物運動の運動方程式：

　　成分の方程式は，$ma_x=0,\ ma_y=0,\ ma_z=-mg$

　　微分式を使うと，$m\dfrac{dv_x}{dt}=0,\ m\dfrac{dv_y}{dt}=0,\ m\dfrac{dv_z}{dt}=-mg,$

　　このときは，$v_x=\dfrac{dx}{dt},\ v_y=\dfrac{dy}{dt},\ v_z=\dfrac{dz}{dt}$ を組合わせる．

　　または，座標の式で，$m\dfrac{d^2x}{dt^2}=0,\ m\dfrac{d^2y}{dt^2}=0,\ m\dfrac{d^2z}{dt^2}=-mg$

Note 9.3. 運動方程式を解く

方程式を整理してみよう。質量 m に関係なく，

微分形で, $\dfrac{dv_x}{dt}=0$, $\dfrac{dv_y}{dt}=0$, $\dfrac{dv_z}{dt}=-g$,

はじめの2式より，直ちに $v_x=C_x$, $v_y=C_y$, を得る．これは速度の水平成分である．

鉛直成分は $v_z=\int(-g)dt=-gt+C_z$

積分定数 C_i は初速度の成分である．$C_x=V_{0x}$, $C_y=V_{0y}$, $C_z=V_{0z}$ として確定させる．

次には，$\dfrac{dx}{dt}=V_{0x}$, $\dfrac{dy}{dt}=V_{0y}$, $\dfrac{dz}{dt}=-gt+V_{0z}$ を解く．

水平成分は $x=\int V_{0x}dt=V_{0x}t+D_x$, $y=\int V_{0y}dt=V_{0y}t+D_y$

鉛直成分は $z=\int(-gt+V_{0z})dt=-\dfrac{1}{2}gt^2+V_{0z}t+D_z$

積分定数 D_i は初期位置の成分である．$D_x=x_0$, $D_y=y_0$, $D_z=z_0$ として確定させる．計算はこのように成分ごとに行う．ベクトル式で表わすと，

速度　$\boldsymbol{v}=\boldsymbol{V}_0-gt\boldsymbol{k}$　　　　初速度　$\boldsymbol{V}_0=V_{0x}\boldsymbol{i}+V_{0y}\boldsymbol{j}+V_{0z}\boldsymbol{k}$

位置　$\boldsymbol{r}=\boldsymbol{r}_0+\boldsymbol{V}_0t-\dfrac{1}{2}gt^2\boldsymbol{k}$　　初期位置　$\boldsymbol{r}_0=x_0\boldsymbol{i}+y_0\boldsymbol{j}+z_0\boldsymbol{k}$

Note 9.4. ドーム球場の天井

速さ V_0 [m/s] で角度 θ の方向に打ち上げられたボールの軌道を考えよう．

初めの位置を原点とすると，軌道はひとつの放物線で，次の式で表わされる．

$$z=-\dfrac{gx^2}{2V_0^2\cos^2\theta}+x\tan\theta$$

さて，初速 V_0 を一定にして角度 θ を変化させたときの放物線群を図に示す．図中の点線に注目しよう．ボールはこの点線を越えることはない．この曲線を放物線群の包絡線と呼ぶ．この場合の包絡線は次の式で表わされる．

$$z=\dfrac{V_0^2}{2g}-\dfrac{gx^2}{2V_0^2}$$

包絡線もまた放物線になる．ドーム球場の天井はこの線よりも十分高く作られているはずだよね．

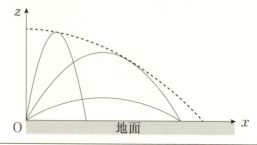

テーマ9　放物運動(2)

初速度ゼロで落とすと

問1. ピサの斜塔の地上 55 m の位置からボールを初速度ゼロで落下させるとする.
地面に原点をとり，鉛直上方を z 軸方向の正の方向とする.

(1) 座標軸の図とボール(質量 m [kg])に作用する力の図を描き，ボールの z 軸
方向の運動方程式を書け.

(2) 落下を始めてから t [s]後のボールの速度成分 $v_z(t)$ [m/s]を表わす式を求め
よ.

(3) 落下を始めてから t [s]後のボールの座標 $z(t)$ [m]を表わす式を求めよ.

(4) ボールが地面に着くまでの時間およびそのときの速度を求めよ.

鉛直に打ち上げると

問 2. 打ち上げ花火の玉を地上 3.0 m の位置にある筒口から初速度 40 m/s で鉛直に打ち上げる．玉は z 軸に沿って上がるとする．z 軸の原点は地面にとる．

(1) 座標軸の図と花火の玉（質量 m [kg]）に作用する力の図を描き，花火の玉の z 軸方向の運動方程式を書け．

(2) 筒口を出てから t [s] 後の玉の速度成分 $v_z(t)$ [m/s] を表わす式を求めよ．

(3) 筒口を出てから t [s] 後の玉の座標 $z(t)$ [m] を表わす式を求めよ．

(4) 玉が最高点に達するまでの時間とそのときの高さを求めよ．

テーマ9 放物運動(2)

水平に投げ出すと

問3. 海面上 20 m の高さで，x 軸の正の向きに速さ 5 m/s で進むヘリコプターから，海面に救命具を落とす．乗組員は救命具を手からそっと離すだけで余計な初速度を与えないとする．原点は海水の表面で，救命具が放された真下にあるとする．

(1) 座標軸の図と救命具（質量 m [kg]）に作用する力の図を描き，救命具の x 軸方向および z 軸方向の運動方程式を書け．

(2) 落ち始めてから t [s] 後の救命具の速度成分 $v_x(t)$，$v_z(t)$ [m/s] を表わす式を求めよ．

(3) 落ち始めてから t [s] 後の救命具の座標 $x(t)$，$z(t)$ [m] を表わす式を求めよ．

(4) 救命具が海面に到着するのに要する時間，および着水位置と着水時の速度と速さを求めよ．

斜めに打ち上げると

問 4. バッターがちょうど三塁の真上を越すフライを打った. 打球はホームベースの真上 0.5 m の位置でミートし, 初速 30 m/s で地面から 45° の方向に飛んだ. ホームベースを原点とし, 3 塁方向を y 軸とする座標系を使おう.

(1) 座標軸の図とボール (質量 m [kg]) に作用する力の図を描き, ボールの y 軸方向および z 軸方向の運動方程式を書け.

(2) 初速度成分 $v_y(0)$, $v_z(0)$ [m/s] を求めよ.

(3) ミートから t [s] 後のボールの速度成分 $v_y(t)$, $v_z(t)$ [m/s] を表わす式を求めよ.

(4) ミートから t [s] 後のボールの座標 $y(t)$, $z(t)$ [m] を表わす式を求めよ.

(5) ボールの高さが最高になるまでの時間, およびそのときの座標と速度を求めよ.

テーマ9　放物運動(2)

シュートの成否*

問5. バスケットボールの選手がシュートを行う．ボールの初速を V_0 [m/s]，投げ出す角度を α とする．また，選手はゴールのリングより L [m]手前から投げ，リングの高さは投げ出す位置より H [m]だけ高いところにあるとする．ボールを投げ出す位置を原点とし，水平方向に x 軸，鉛直上方に z 軸をとる．

(1) 座標軸の図とボール(質量 m [kg])に作用する力の図を描き，ボールの運動方程式を書け．

(2) ボールが手を離れてから t 秒後のボールの速度成分 $v_x(t)$，$v_z(t)$ [m/s]と座標 $x(t)$，$z(t)$ [m]を求めよ．

(3) $L = 5.80$ m，$H = 1.20$ m とする．$\alpha = 45°$ で投げてシュートをきめるための初速 V_0 を求めよ．

テーマ10　万有引力

　質量を持つ物体どうしは**空間を隔てて互いに引き合う**．この力を**万有引力**または**重力**と呼ぶ．すべての天体はこの力のもとで互いの運行を定め合っている．

　力の性質は夜空の惑星の動き方から正確に検証され，そのまま，地上の物体にもあてはまることが確認されている．地球の公転とボールの運動は見かけは全く異なるが，同じ法則で理解できる．

　地球から地上の物体に作用する重力の大きさを**重さ**と呼ぶ．日常生活はすべて重力の影響のもとに営まれている．すべての生物は重力の向きを知覚している．しかしながら，ごく当たりまえの重力の影響を測り知ることはなかなか難しい．

Note 10.1.　万有引力の法則

　質量 M [kg] および m [kg] の2つの質点が距離 r [m] を隔てて存在しているとき，両者の間には次の式で計算される引力 F [N] が作用し合う．

$$F = G\frac{Mm}{r^2}$$

$G = 6.673 \times 10^{-11}\,\mathrm{N\cdot m^2/kg^2}$　　万有引力定数

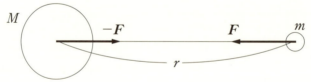

　万有引力のベクトルは上の図のように2物体の重心を結ぶ線上にある．2つの力のベクトルは大きさが等しく向きが逆である．このことは運動の第3法則（作用反作用の法則）と考えられている．

　左の物体の重心を原点にすると，右の物体が受ける引力 $\boldsymbol{F}$ は次式で表わされる．

$$\boldsymbol{F} = -G\frac{Mm}{r^2}\boldsymbol{e}_r,\quad \boldsymbol{e}_r = \frac{\boldsymbol{r}}{r} は \boldsymbol{r}方向の単位ベクトル$$

ニュートン

テーマ 10　万有引力

Note 10.2.　重心は引力の中心（問 3 の仮定）

　地球上の物体 A の重さは A の質量 m [kg] と（A を除く）地球の全質量 M [kg] の間の引力による．A は半径 R [m] の地球の**すべての微小部分から微小引力を受けている**．その**合力**は，地球の重心（球の中心）に地球の全質量が集中し，A との間は空間とみなす仮定で計算した結果と一致する．

　これは**洞察的な単純化**である．万有引力の性質から，この計算が正しいことが数学的に証明できる．簡単な仮定で重力加速度の大きさ g が G, M, R で表わされるのは有難い．

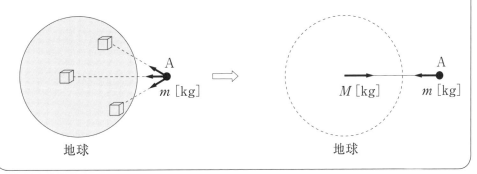

Note 10.3.　式 $F=mg$ の読み方（運動方程式ではない）

　上の Note 10.2. や問 3 からわかるように，定数 g [m/s²] は地上での重力の大きさを表わすために**万有引力の法則から直接に定義**される．

　$F=mg$ と書くと表面的に　力＝質量×加速度　と読めるので，運動方程式のような印象を与えがちであるが，そうではない．正しくは，「質量 m [kg] の物体に作用する重力の大きさ F は mg [N] である」と読む．mg は運動方程式の力の項を表わす式で**運動方程式の一部**になるが，方程式そのものではない．

　ボールが空を飛んでいても，地面に置かれていても mg [N] に変わりはない．

Note 10.4.　ニュートンとフック

　ニュートンはフックの法則（Note 12.4.）で有名なフックとライバルどうしであった．フックは距離の 2 乗に逆比例する万有引力に気づき，それを使ってケプラーの 3 法則を説明しようとした．そのときすでに，ニュートンは微積分法を創始して力学を体系化し，ケプラーの 3 法則を説明していた．

万有引力の大きさ

問1. $G = 6.7 \times 10^{-11}\,\mathrm{N \cdot m^2/kg^2}$，または $g = 9.8\,\mathrm{m/s^2}$，の値を使って，次の＿＿＿＿の数値を求めよ．

(1) 質量 $10\,\mathrm{kg}$ と $0.10\,\mathrm{kg}$ の 2 つの質点が $1.0 \times 10^{-8}\,\mathrm{N}$ の力で引き合うには距離＿＿＿＿ m まで近づければよい．

(2) 質量 $1\,\mathrm{kg}$ の物体は地球から＿＿＿＿N の力を受けている．

(3) $1\,\mathrm{N}$ の力を実感するには，質量＿＿＿＿kg の物体を持ってみればよい．

(4) 水深 $10\,\mathrm{m}$ の平らな池の底にかかる水の圧力は＿＿＿＿N/m²(1 m² 当りの力 N，別名パスカル Pa)である．この力は水の重さに等しい．

(5) 地表から＿＿＿＿km 上空へゆくと，引力の大きさは地表の場合の $\dfrac{1}{4}$ になる．地球の半径を $6400\,\mathrm{km}$ とする．

テーマ10　万有引力

月からの引力の影響

問2. 潮の干満は主に月から地球の海水に作用する引力によって起こる*. 月と地球間の距離は38万km, 月の質量は7.3×10^{22} kgであるとする.

（*月と地球の相対運動（Note 24.3.）がかかわっている. 流体の性質と地形の影響で実際の現象は複雑になる.）

(1)　海面の水1000 kg（約1 m³）に月から作用する引力の大きさを求めよ.

(2)　同量の海水について, 月の引力と地球の引力の大きさの比を求めよ.

地球の質量

問 3. 地球を半径 R [m] の球とみなし，さらに，その中心(重心)に全質量 M [kg] の集中している質点とみなす(Note 10.2.)．

(1) G, M, R, g の関係を求めよ．

(2) $R = 6.37 \times 10^6$m とし，地球の質量を求めよ．

テーマ 10　万有引力

体重とは何だろうか

問 4. 地球に比べて，月の質量は 1.2 %，半径は 27 %である．

(1)　地球から自分に作用している重力は何 N か．

(2)　自分が月面に立つとすれば，月から自分に作用している重力は何 N か．

(3)　地球と月の間で両方から作用する重力が 0 N となるのはどの辺りか．

鉛直線と水平面*

問 5. 重力の方向と地球の大きさを考えに入れて概算してみよう. 地球の半径を 6400 km とする.

(1) 明石海峡大橋の 2 本の主塔の高さは 300 m, 間隔は 2.0 km である. 2 本の主塔の鉛直線が成す角度を求めよ. また, 主塔の頂上間の間隔は海面近くの根元間の間隔よりどれだけ長いか.

(2) 海上で高度 1000 m にあるヘリコプターから見渡せる海域の半径(水平線までの距離)を求めよ.

(3) 日本列島上で 1000 km 離れた地点間を直線のトンネルで結ぶとする. トンネルの入口は水平線からどれだけ傾いているか.

テーマ11 運動方程式の使い方

運動方程式の左辺は，いつでも **質量×加速度** としよう．そう決めておく方がよい．これまで見てきたように，加速度を表わす式にもいろいろなタイプがある．特定の式を書く前に，言葉で書くのがもっとも一般性がある．

式の右辺には，**=力** を書く．ここをどう書くか，実際の力学的環境で考える．物体 A の運動を考えるときは，**A 以外から A に作用する力**に目をつける．この逆をしてはならない．正しく判断するために**運動の第 3 法則**を使う．そこで，主な力を見つける．式をわかり易くするために，小さい力や複雑な力を無視するときもある．力のタイプが決まると，それにふさわしい加速度の表わし方が選べる．

運動方程式の書き方と解き方については，さまざまな技法が開発されている．まずは，基礎的な考え方を理解することが大切である．

Note 11.1. 力の見つけ方

日常規模の物体 A に作用する力を，ひとまず，重力と接触力に分けよう．*

重　力：地球の中心から A に空間を通して作用するとみなせる (Note 10.2.)．重力は A と他のものとの接触のようすには関係しない．

接触力：A が他のもの B, C, … と接触している箇所を調べる．そこから A に力が作用してくる．接触の仕方がいろいろなので，力の名付け方もいろいろあり，分野によってその呼び方が異なる場合もある．大切なことは「…から A に」の実質を知ることである．接触の相手には空気や水などの流体もある．

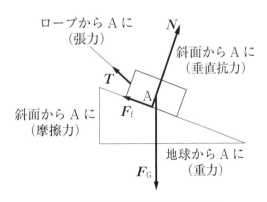

A 以外から A に作用する力

*モータなどを動かす**電磁気力は第 2 の基本的な力**であり，重力と同様に**空間を隔てて作用す**る．接触力の根源は原子間の電磁気力であることを別の機会に学ぶであろう．

Note 11.2. 重力は見えたり隠れたり

　地上の運動では，重力が必ずどこかに関与している．ただ，運動の外見への現われ方は $100 \sim 0\,\%$ である．たとえば，放物運動では $100\,\%$，水平な氷面上の運動では $0\,\%$ に近いとみなせる．斜面上の運動ではこの間にある．外見には現われなくとも電車の運動をレールの上に限定するとか，摩擦力をつくるとかも重力の働きである．普通は，重力と接触力の組合せで運動が起こっている．

　惑星の運動は $100\,\%$ 重力で起こる．そこから，重力の法則と運動の法則が発見された．地上でこれらの法則に気がつくのが遅れたのは，日常生活で経験する接触力が強くて複雑すぎたためである．

Note 11.3. 軌道から力を知る過程と力から軌道を知る過程

　軌道から力を知る過程と力から軌道を知る過程は（Note 8.3. の①と②の見方のように）互いに逆向きであり，相補的である．彗星の軌道を観測して彗星が惑星に衝突する日時とスピードを予測するときは前者を，木星の衛星ガニメデへ生命探査ロケットを飛ばすときは後者を使う．歴史的には，前者はニュートン力学が成立した過程に，後者は運動の 3 法則から出発して力学を展開する過程に相当する．双方の過程を駆使して物体の運動を解明する．

軌道から力を知る過程（ニュートン力学が成立した過程）*

$$x=x(t) \quad \boldsymbol{r}=x\boldsymbol{i}+y\boldsymbol{j}+z\boldsymbol{k} \qquad \boldsymbol{v}=\frac{d\boldsymbol{r}}{dt} \qquad \boldsymbol{a}=\frac{d\boldsymbol{v}}{dt} \qquad m\boldsymbol{a}=\boldsymbol{F}$$

軌道 $y=y(t)$ $\quad\rightleftharpoons\quad$ 位置 $\boldsymbol{r}$ $\quad\rightleftharpoons\quad$ 速度 $\boldsymbol{v}$ $\rightleftharpoons$ 加速度 $\boldsymbol{a}$ $\rightleftharpoons$ 力 $\boldsymbol{F}$

$$z=z(t) \quad \boldsymbol{r}=x\boldsymbol{i}+y\boldsymbol{j}+z\boldsymbol{k} \qquad \boldsymbol{r}=\int\boldsymbol{v}dt \qquad \boldsymbol{v}=\int\boldsymbol{a}dt \qquad m\boldsymbol{a}=\boldsymbol{F}$$

力から軌道を知る過程（ニュートン力学を展開する過程）

*ニュートン力学の成立過程：惑星の位置と軌道を精密に測定したのがテイコブラーエ．ケプラーは，テイコブラーエの膨大なデータを根拠にして，惑星の運動の 3 法則を提案した．ニュートンは，ケプラーが発表した惑星の運動の 3 法則を，万有引力が作用するときの運動方程式から導いた．

テーマ11 運動方程式の使い方

Note 11.4. ニュートン力学とカオス

運動方程式を解いて初期条件を与えると，速度成分の積分定数と位置の成分の積分定数が決まって，物体の速度と位置の時間変化を正確に知ることができる．1億年前のジュラ紀であろうと，銀河系とアンドロメダ大星雲が衝突する30億年後であろうと，地球の位置と速度は正確に予測することができそうである．このようなニュートン力学の立場を「決定論的」という．決定論的な考え方は，人々に大きな影響を与えてきた．ところが，20世紀後半になって，予測不能な場合があることが明らかになってきた．たとえば，初期条件の違いが非常に小さくても，その後の位置や速度がまるで違うことがある．初期条件の違いが誤差より小さくてもそうなるなら，位置と速度を予測することは事実上不可能である．このような現象を「カオス」という．天気の長期予報がよくはずれるのは，気象条件がカオスの性質をもっているからである．

放物運動のすべて

問1. 万有引力の法則と運動方程式から出発して，放物運動を表わす一般的な公式をつくる方法を確認しておこう．鉛直上方を z 軸の正の向きとし，水平面内に x 軸と y 軸をとる．重力加速度の大きさを g [m/s^2] とする．

(1) $x,\ y,\ z$ 各軸方向の運動方程式を書け．かつ，それらをベクトル記号を使って，ひとつの式にまとめて表わせ．

(2) 時刻 t [s] での速度 $\boldsymbol{v}(t)$ [m/s] の一般形を示せ．任意定数は何個あるか．その意味を説明せよ．

(3) 時刻 t [s] での位置 $\boldsymbol{r}(t)$ [m] の一般形を示せ．任意定数は何個あるか．その意味を説明せよ．

(4) 質点は $t=0$ s で位置 $\boldsymbol{r}(0)=h\boldsymbol{k}$ [m] から速度 $\boldsymbol{v}(0)=v_0(\cos\theta\boldsymbol{j}+\sin\theta\boldsymbol{k})$ [m/s] で飛び出すとして上の定数を確定せよ．

テーマ 11　運動方程式の使い方

斜面を滑る物体

問 2. 図のように傾斜角 α の斜面上を滑る質量 m [kg] の物体の運動を考えよう．説明や計算に必要な記号は適当に決めて使うこと．

(1) 物体に作用している重力とすべての接触力を表わすベクトルを矢線で図示せよ．

(2) 図の座標系で，重力の x 成分と y 成分を求めよ．

(3) 物体が斜面上に静止し続けるために接触力に必要な条件を求めよ．

(4) 物体が斜面上を滑りつつあるときの，物体の x 軸方向の運動方程式を書け．簡単のため，この問では摩擦力は小さくて無視できるとする．

(5) 物体は初め ($t=0$ には) 原点に静止していたとして，(4)の運動方程式を解け．

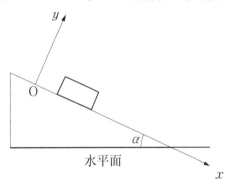

地球の公転運動の仕組み

問3. 万有引力によって，地球は太陽のまわりを回っている．この軌道は半径 $R = 1.5 \times 10^{11}$ m (1.5 億 km) の円で近似できる．

(1) 地球の速さ v [m/s] を求めよ．

(2) 地球の加速度の大きさ a [m/s²] を求めよ．

(3) 太陽から地球に作用している力の大きさ F [N] を求めよ．地球の質量は $m = 6.0 \times 10^{24}$ kg である．

(4) 太陽の質量 M [kg] を求めよ．万有引力定数は $G = 6.67 \times 10^{-11}$ N·m²/kg² である．

(5)* 1秒間当りで考えてみよう．地球の進行方向は何 rad 変わるか．また，等速直線運動から何 m 外れるか．$\theta \ll 1$ での近似式 $\cos\theta \fallingdotseq 1 - \dfrac{\theta^2}{2}$ を使おう．

テーマ11　運動方程式の使い方

人工衛星の軌道の選定

問4. 地球を中心とする半径 r [m] の円軌道上を，角速度 ω [rad/s] で運動している人工衛星の運動を考えよう．万有引力定数 G，地球の質量 M，人工衛星の質量 m，地球の半径 R，地表での重力加速度 g のうち必要なもの(役立つもの)を使うとする．

 (1)　人工衛星の運動方程式を書け．

 (2)　6時間で地球を一周する人工衛星の円軌道の半径 r [m] を求めよ(計算に必要な値はこれまでの問題から拾うこと)．

 (3)　地表から見て「静止している」ように見える人工衛星をつくるにはどのような軌道を選べばよいか．

キャッチボールの力学

問5. テーマ5の問4と問5はボールの加速度を求める問題として解いた．ここでは，ボールの質量を 150 g として，力学的な見方をしよう．

(1) 投球時および捕球時の動作についての仮定はテーマ5の問4および問5と同じとして，表中の記号欄の定義をもとに，次の表を完成せよ．

表　質量 150 g，速さ 40 m/s のボールの投球と捕球に関係するいろいろな物理量

計算する物理量	記号 [単位]	ピッチャー側	キャッチャー側
加速中のボールの変位	s_x [m]	2.0 m	0.10 m
ボールの加速度	a_x [m/s²]		
ボールの加速に使う時間	t [s]		
加速中のボールに作用する力	F_x [N]		
加速中のボールに力が与える力積	$F_x t$ [N·s]		
加速前後のボールの運動量の**変化***	mv_x [kg·m/s]		
加速中のボールに力が行う仕事	$F_x s_x$ [J]，[N·m]		
加速前後のボールの運動エネルギーの**変化***	$\frac{1}{2} mv_x{}^2$ [J]		

*物理量の**変化**とは一般に　**終り**の値－**始め**の値　のことである．
　ここでは　加速後の値－加速前の値　を計算する．

テーマ 11 　運動方程式の使い方

問5(つづき)

(2) 　上表で値が同じとなる物理量の組み合わせがある．表の物理量の説明と記号欄に書かれている定義式をもとに，その理由を説明せよ．（まだ扱っていないテーマもある．運動方程式をもとに想像力をはたらかせて！）

(3) 　投球から捕球までの間での重力によるボールの低下高を求めよ．ピッチャーとキャッチャーの間を 18 m とする．

テーマ12 単振動

自然界には多種多様な振動現象がある．とくに，質点が一直線(x軸)上で運動しており，その座標が$x=C\sin(\omega t+\alpha)$ [m]で表わされるときの運動を**単振動**または**調和振動**と呼ぶ．単振動のようすは，**振幅** C [m]，**周期** T [s]，**振動数** f [Hz]，**角振動数** ω [rad/s]，**初期位相** α [rad]などで表わされる．グラフを描いて理解しよう．

加速度を調べれば力のようすがわかる．結果は，$\dfrac{d^2x}{dt^2}=-\omega^2 C\sin(\omega t+\alpha)=-\omega^2 x$ となり，加速度はいつでもxと反対の符号を持つことがわかる．つまり，力はいつでも**質点の変位をもとに戻す向きに作用している**．振動が起こるのはそのためである．振り子ではまさにそうなっている．このような力を**復元力**と呼ぶ．

構造物が揺れてももとに戻るのは，広い意味の復元力(弾性力)のおかげである．

Note 12.1. 単振動の運動方程式と解

質点が原点から x [m]変位すると復元力$-kx$ [N] ($k>0$)が作用する場合

運動方程式：$m\dfrac{d^2x}{dt^2}=-kx$　　$x(t)$を2回微分すれば，もとの$-\dfrac{k}{m}$倍になる．$x(t)$はどのような関数か．

このような方程式を**微分方程式**と呼ぶ．一般に，微分方程式の解とは何らかの関数(2次関数，三角関数，…)である．単振動の場合は三角関数の解がわかっている．

解の関数：$x=C\sin(\sqrt{\dfrac{k}{m}}\,t+\alpha)$である．$C, \alpha$は**積分定数**である．

Note 12.2. 単振動は円運動の射影

円運動を座標軸上に射影すると単振動になる．

$y=C\sin(\omega t+\alpha)$の場合

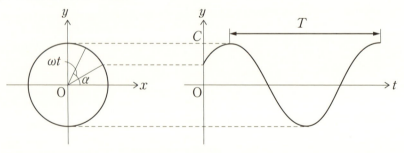

Note 12.3. 加速度のタイプの比較

ここまでに考えた加速度のタイプを挙げてみよう．この原因は何だろうか．

放物運動：加速度の大きさも向きも変わらない．

円 運 動：加速度の大きさは変わらず，向きが変わる．

単 振 動：加速度の大きさも向きも変わる．

Note 12.4. ミクロに見たフックの法則

物体を変形すると，元の形にもどそうとする力が現われる．この力を弾性力という．棒を伸ばしたとき，弾性力は棒の長さを元にもどす向きにはたらき，その大きさは伸びに比例する．このように弾性力が復元力として作用する表式をフックの法則という．つるまきバネは，伸びの大きい棒と考えればよい．

物体はたくさんの原子の集まりであり，原子は互いに原子間力でつながっている．これを原子どうしが見えないバネのネットワークによってつながれているとみて，そのバネの復元力が原子間力と考えればよい．原子間力は根源的には，電気力（クーロン力）である．マクロなバネは，たくさんのミクロなバネからできているのである．物体の固さ，比熱，熱伝導等はミクロなバネ定数によって決まる．

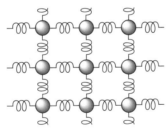

単振動を表わす式

問1. 次の関数のグラフを描け. それぞれの振動の周期 T [s], 振動数 f [Hz]およ
び初期位相 α [rad]を求めよ.

(1) $x = 10 \sin(10\,t)$

(2) $x = 20 \sin(10\,\pi t)$

(3) $x = 30 \sin\left(10\,\pi t + \dfrac{\pi}{2}\right)$

テーマ 12　単　振　動

振動の合成と分解

問 2. 振動の表現に関して，次の問に答えよ．

(1) $x = C\sin(\omega t + \alpha)$ならば，$\dfrac{d^2x}{dt^2} = -\omega^2 x$ であることを示せ．

(2) 微分方程式$\dfrac{d^2x}{dt^2} = -Kx$の解として，$x = C\sin(\beta t + \alpha)$の形を予想し，定数$C,\ \alpha,\ \beta$を定めることを試みよ．

(3) 定数$C,\ \alpha$は自由に選べる．これらを決めるには何を指定すればよいか．

(4) $C\sin(\omega t + \alpha) = A\sin\omega t + B\cos\omega t$ とおく．$A,\ B$を$C,\ \alpha$で表わせ．また，$C,\ \alpha$を$A,\ B$で表わせ．

振り子を動かす力は

問3. 質量 100 g のおもりを長さ 1.00 m の糸でつるして振り子をつくる．図1のように座標軸をとり，おもりは $-0.1 \leq x \leq 0.1$ m の範囲で振れるとする．

(1) おもりの x 座標が $x=0.1$ m のとき，おもりの y 座標を求めよ．

(2) おもりの上下運動はわずかで，ほとんど水平に振動している．また，糸からおもりに作用する力の大きさは重力の大きさとほとんど同じとみなせる．おもりの位置が x [m] のとき，おもりに作用するすべての力のベクトルを図示し，それらを合成した結果の力の x 成分 F_x [N] と y 成分 F_y [N] の近似式を求めよ．

(3) おもりの x 軸方向の運動方程式を書け．

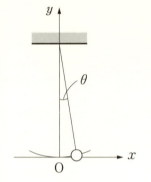

図1 振り子

テーマ 12 単 振 動

運動方程式の解を見つける

問 4. 質量 m [kg]のおもりを長さ L [m]の糸で吊るして振子運動をさせる．問 3 の図 1 と同様の座標軸をとる．

(1) おもりが位置 x [m]にあるときおもりに作用する力の x 成分 F_x [N]を求めよ．近似的な表現でよい．角度 θ は 0.1 rad 以内とする．振動のもとになる力のベクトルを図示すること．

(2) おもりの x 軸方向の運動方程式を書け．

(3) $x = C\sin(\beta t + \alpha)$ の関数形を予想し，振子運動の周期 T [s]を求めよ．

円運動と振動運動

図2 円錐振子

問5. 質量 m [kg] のおもりを長さ L [m] の糸で吊るして，図2のように水平面内で円運動をさせる．角度 θ は一定である．

(1) 糸からおもりに作用する力の鉛直成分 F_1 [N] および水平成分 F_2 [N] を求めよ．

(2) おもりの円運動の運動方程式を書け．加速度の大きさ a [m/s²] を求めよ．

(3) 円運動の角速度 ω [rad/s]，速さ v [m/s] および周期 T [s] を求めよ．

(4) 角度 θ は 0.1 rad 以内として，周期を問4の場合と比較せよ．

テーマ12 単振動

バネつきおもりの運動方程式とその解

問6. 10 mm 伸ばすと 2.0 N の力で引戻される（縮めると押戻される）ような長いつる巻きバネがある．図3のように，この一端を天井に固定し，他端に 0.5 kg のおもりをつけて，バネの伸縮方向（x 軸方向）に振動させるとする．バネが自然の長さのときのおもりの位置を原点（$x=0$）にとる．バネの質量は無視する．

(1) バネが x [m] 伸びているとき，バネからおもりに作用する力を求めよ．

(2) これが宇宙船内の「無重量」の室内にあるとして，おもりの運動方程式を書け．周期は何秒か．

(3) これが地上の室内にあるとして，鉛直方向のおもりの運動方程式を書け．周期は何秒か．

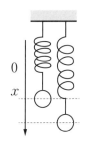

図3 バネつきおもりの振動

テーマ13　力学的な仕事

あるひとつの力が物体に作用し物体を移動させるとき，その力が物体に**仕事**をするという．物体の速さが増すとき，その力は**正の仕事**をしているという．逆に，物体の速さが減るとき，その力は**負の仕事**をしているという．速さが変わらないとき，その力は仕事をしていないことになる．ここで主語はひとつの力である．

仕事は**力と変位のスカラー積**で定義される．仕事の値の正，負，ゼロの意味は，以下の問題からわかるであろう．また，等速円運動の向心力のように，速度の向きを変えるが速さは変えない場合も力のする仕事はゼロである．

力学的な定義は日常的な「仕事」とは異なるが，日常感覚と合うときもある．

Note 13.1.　仕事の定義

物体に一定の力 $\boldsymbol{F}$ [N] が作用し，物体が $\boldsymbol{s}$ [m] 変位するとき，$W=\boldsymbol{F}\cdot\boldsymbol{s}$ [J] を力が行う仕事と定義する．単位 J はジュールと読む．$1\,\mathrm{J}=1\,\mathrm{N\cdot m}$ である．

$\boldsymbol{F}$ と $\boldsymbol{s}$ の間の角度 θ を使うと，$W=Fs\cos\theta$ であり，$\cos\theta$ の値で，仕事の符号が決まる．

$\boldsymbol{F}=F_x\boldsymbol{i}+F_y\boldsymbol{j}+F_z\boldsymbol{k}$, $\boldsymbol{s}=s_x\boldsymbol{i}+s_y\boldsymbol{j}+s_z\boldsymbol{k}$ の成分を使うと，$W=F_xs_x+F_ys_y+F_zs_z$ と表わされる．

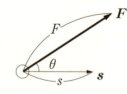

Note 13.2.　仕事の符号

投球するピッチャーの力はボールに正の仕事をし，捕球するキャッチャーの力はボールに負の仕事をする．この正負は手からボールに直接に作用する力だけを考えての話である．プレーをする人の全身の仕事を計算するのは難しい．

Note 13.3.　仕　事　率

1秒当りに行われる仕事を仕事率(パワー)と呼び，単位 W(ワット)で表わす．$1\,\mathrm{W}=1\,\mathrm{J/s}$ である．この単位は動力源や電気製品の性能表示に使われている．1馬力 ≒ 735 W，鉄腕アトムは10万馬力を発揮するロボットであった．

テーマ 13 力学的な仕事

1 次元の仕事

問 1. 次の(1)～(4)の各場合に，力が行った仕事 W [J]を求めよ．(1), (2)では，力の方向は一定とする．(3), (4)では，重力が仕事を行っている．

(1) ボールに大きさ 60 N の力が作用し，ボールは力の方向に 2.0 m 移動した．

(2) 運動していた物体に速度と反対方向に大きき 250 N の力が作用し，物体は 20 m 移動したところで静止した．

(3) 木に実っていたリンゴがひとりでに枝から離れて，2.5 m 下の地面に落ちた．リンゴの質量を 0.15 kg とする．

(4) キャッチャーフライのボールが打撃位置から真上に 25 m の高さまで上がった．ボールの質量を 0.15 kg とする．

重力が行う仕事

問2. 水平面から30°傾いた雪面上の20 mの直線区間をスキーヤーが滑り降りた．人とスキーを合わせた質量を60 kgとする．

(1) 重力 F と変位ベクトル s の図を描け．
(2) 重力が行った仕事を力 F と変位 s のスカラー積 $F\cdot s$ を使って計算せよ．
(3) 重力が仕事に有効な成分と無効な成分に分けられることを示せ．
(4) 上の(1)〜(3)をもとに，スカラー積の意味を説明せよ．

テーマ 13　力学的な仕事

仕事の計算（1）

問 3. ある質点が大きさ 20 N の一定方向の力 F の作用を受け，ある直線に沿って，距離 3 m 移動した．この変位 s が次のような場合，力 F が行う仕事 W [J] を求めよ．このような F [N] と s [m] の組合せの具体例を挙げよ．

(1)　F と s が同じ向き

(2)　F に対し s が 45° の方向

(3)　F に対し s が 90° の方向

仕事の計算(2)

問4. 次の場合に，力 F [N]が行う仕事 W [J]を計算せよ．F, s の図を描くこと．
F, s の適切な実例を挙げよ．

(1) $F=3i+4j$ [N]を受ける質点が，直線的に $s=12i+5j$ [m]変位する．

(2) $F=-10k$ [N]を受ける質点が，位置 $r_A=6k$ [m]から $r_B=8i$ [m]まで直線
的に変位する．$s=r_B-r_A$ とする．

テーマ 13 力学的な仕事

クレーンの動力の仕事率

問 5. 質量 100 kg の荷物にロープをつけ，クレーンで等速で 5.0 m 持ち上げた．

(1) ロープから荷物に作用する力が行った仕事を求めよ．

(2) 重力が行った仕事を求めよ．

(3) この仕事を 20 秒間で行った．クレーンの動力源の仕事率 P [W] を求めよ．

仕事の分け前*

問6. 図のように，A君とB君がいっしょに質量10 kgの荷物を地面から50 cmの高さのところまで持ち上げた．A君は鉛直線から60°，B君は同じく30°の方向に荷物を引き続け，荷物は等速で引き上げられたとする．

(1) A君の力とB君の力の合力が行う仕事を求めよ．

(2) A君の力が行う仕事とB君の力が行う仕事をそれぞれ求めよ．

(3) この仕事に0.5 sかかったとする，A君とB君のそれぞれの仕事率を求めよ．

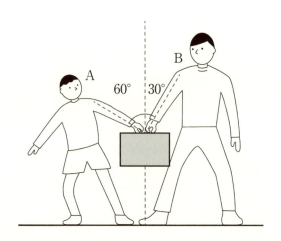

テーマ14　力のつり合いと仕事

てこ，滑車，ジャッキなど，重い物体を小さな力で持ち上げる機械的な仕組みはたくさんある．このとき仕事の大きさはどうなるだろうか．いろいろな実用装置を単純化して，仕事の行われるようすを調べてみよう．重力および重力に対抗する力などの**2つ以上の力のつり合い**を考えると仕事の意味がわかりやすくなる．

ここで2つの仮定をおく．摩擦力による仕事(＝力学的エネルギーの損失)をゼロとみなすこと，および，力のつり合い状態で変位が起こると仮想することである．どちらも現実と異なるが，状況を理想化して本質を知るための仮定である．

> **Note 14.1. 力のモーメント**
>
> 図のように，物体の支点 O (回転の中心となる点 O) から距離 r [m] の点 P に大きさ F [N] の力が作用しているとき，物体に大きさ $N=rF$ [N・m] の力のモーメントが作用しているという．力のモーメントとは，物体を**回転させる作用**の大きさである．
>
>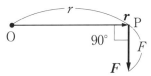
>
> つり合い状態にある物体では，力の合計がゼロ，かつ，力のモーメントの合計がゼロになっている．

> **Note 14.2. 仕事＝力のモーメント×回転角**
>
>
>
> 回転軸を持つ円柱に巻いた糸を力 F [N] で引くとする．
>
> 　仕事　$W=Fs=Fr\theta=N\theta=$力のモーメント×回転角
>
> となっている．

> **Note 14.3. 仮想仕事の原理**
>
> 2つ以上の力が作用してつり合い状態にある力学系で，つり合い条件を保ちながら起こる変位を仮想し，その変位とそれぞれの力で仕事を計算してみる．**この仕事の合計はゼロ**である．これを仮想仕事の原理と呼ぶ．てこや滑車の使い方はこれまでにも学んだであろう．これらの役割を仕事の計算をもとにして見直してみよう．この原理は力のつり合いを見つける条件としても使える．

シーソーでのつり合いと仕事

問1. 図1のシーソーで支点から3.0 mのところに体重30 kgの子供が座り，向かい側に体重60 kgの大人が座るとする．シーソーの質量は無視する．

(1) シーソーをつり合わせるためには，大人はどこに座ればよいか．

(2) つり合いを保ちながら，子供が0.6 m下へ，大人が上へ移るとする．この変位で，子供に作用する重力が行う仕事，大人に作用する重力が行う仕事，および重力が行う仕事の合計を求めよ．

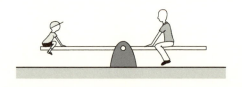

図1

テーマ14　力のつり合いと仕事

力のモーメントによる仕事の計算(1)

問2. 長さ4mの棒ABが図2のようにA端を支点として水平に支えられている．B端には質量50 kgの荷物が下げられ，棒の中点Cでロープで上に引かれている．

(1) つり合い状態で，棒以外から棒に作用するすべての力を求めよ．

(2) A端を中心とするすべての力のモーメントを求めよ．

(3) C点を静かに上に引いて，棒を0.05 rad回転させるとする．C点を引く力が行う仕事および重力が荷物に行う仕事を求めよ．

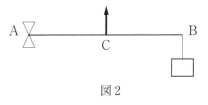

図2

力のモーメントによる仕事の計算(2)

問3. 図3のように一体となって回転する2つの円筒にひもを巻きつけて，おもりAとBをつるす．円筒の半径は 10 cm と 5 cm，おもり A の質量は 1.0 kg である．

(1) 回転軸を中心として，おもり A がつくる力のモーメントを求めよ．

(2) おもり A につり合うおもり B の質量を求めよ．

(3) おもり B が上がる方向に円筒が半回転した位置を考える．この変位で，重力がおもり A とおもり B に行う仕事をそれぞれ求めよ．

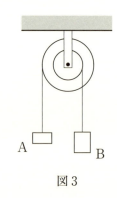

図3

テーマ14 力のつり合いと仕事

滑車を使うときの仕事

問4. 図4のような滑車とロープの装置(a)または(b)を使って，質量100 kgの荷物Aを0.5 m持ち上げるとする．滑車とロープの質量は無視する．

(1) 装置(a)で，ロープBを引く力の大きさ，およびこの力が行う仕事を求めよ．

(2) 装置(b)で，ロープBを引く力の大きさ，およびこの力が行う仕事を求めよ．

(3) 上の(1)，(2)で計算される仕事を比較し，一般化できる結論を述べよ．

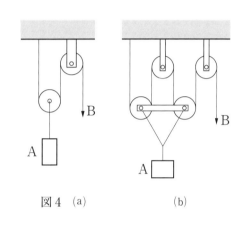

図4　(a)　　　(b)

油圧ジャッキ

問5. 図5のような構造の油圧装置で，右側のピストンを押して，左側の水平なピストンの上の質量100 kgの物体を10 cm持ち上げるとする．ピストンの面積比は左／右＝5とする．油およびピストンの質量は無視する．

(1) 右側のピストンを押す力が行う仕事を求めよ．

(2) 右側のピストンを押す力の大きさを求めよ．

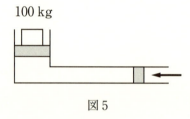

図5

テーマ14 力のつり合いと仕事

自転車の駆動力

問6. 図6は自転車の仕組の一部である．AとBは半径が10 cmと5 cmの歯車であり，チェーンCでつながれている．DはBと一緒に回転する半径25 cmの車輪である．Aにはアームが固定され，中心から20 cmの位置のペダルに力を加えるとする．

(1) Aを1回転させるとDは何回転するか．

(2) Aのペダルに図の向きに100 Nの力を加えるとき，Cに伝えられる張力の大きさを求めよ．

(3) Dに伝えられる力のモーメントを求めよ．

(4) Dから道路に作用する力を求めよ．

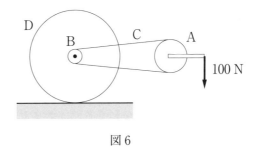

図6

テーマ15　運動エネルギーと仕事

エネルギーに関係する言葉は日常的にもよく使われる．比喩的に使われることが多いが，当らずとも遠からずの場合もある．物理的な使い方だけでも，意味は広い．力学では，**運動エネルギーと位置エネルギー**を考える．これらを**力学的エネルギー**と呼ぶ．一般に，エネルギーは力学の範囲だけでなく，光，熱，質量などのさまざまな形で，さまざまな式で表わされて，**自然界全体を流通する物理量**である．

速さ v [m/s]で運動する質量 m [kg]の質点は**運動エネルギー** $T=\frac{1}{2}mv^2$ [J]を持つ．この式はエネルギーを表わす式のなかでもっとも簡単なものであり，質点の質量と速さだけから計算できる(問1)．物理量のイメージも明らかである．式 $\frac{1}{2}mv^2$ の由来は運動方程式と仕事の定義にある(問2〜5)．

力 F から正の仕事を受取る物体は速くなるし，負の仕事を受取る物体は遅くなる．このようすは一般に，**仕事＝運動エネルギーの変化** と表わされる．運動エネルギーが減るとき，左辺は負になるが，力 F の反作用の力 $-F$ が行う仕事は正になる．こうして，運動エネルギーは他の仕事または他のエネルギーに変わり得る(問5，6)．

一般に，エネルギーは仕事をする能力あるいは可能性とみなされる．

Note 15.1.　運動エネルギーの単位と仕事の単位

仕事の単位＝1 J＝1 N·m＝1(kg·m/s²)·m＝1 kg·(m/s)²＝運動エネルギーの単位

Note 15.2.　仕事＝運動エネルギーの変化，一般論

微小変位 dr [m]：運動中の位置 r から $r+dr$ までの変位

微小仕事 $dW=F \cdot dr$ [J]：微小変位 dr の間に力 F が行う仕事

これに，運動方程式 $m\frac{dv}{dt}=F$ と $v=\frac{dr}{dt}$ を組み合わせる．

$$dW=F \cdot dr=m\frac{dv}{dt} \cdot vdt=mv \cdot dv=md\left(\frac{1}{2}v^2\right)=d\left(\frac{1}{2}mv^2\right)=dT$$

力 F が行う微小仕事 dW が物体の運動エネルギーの微小変化 dT となる．微小な変化を積み重ねて(積分して)，ある大きさの変化となる．

図の P → Q の移動の場合で，

仕事 $W_{P \to Q}=\int_P^Q dW=\int_P^Q dT=T_Q-T_P=$ **運動エネルギーの変化**

テーマ15　運動エネルギーと仕事

運動エネルギー

問1. 次の運動物体の運動エネルギーを求めよ.

(1) 速さ 40 m/s で投げられた質量 150 g のボール

(2) 時速 90 km で走っている質量 2000 kg の自動車

(3) 平均風速 10 m/s の風の中の体積 1 m³ の空気(密度 1.2 kg/m³)

(4) 速さ 480 m/s で飛ぶ酸素分子(質量 5.3×10^{-26} kg)

(5) 速さ 3.0×10^7 m/s で飛ぶ電子(質量 9.1×10^{-31} kg)

仕事 → 運動エネルギー(1)

問2. 静止していた質量 10 kg の物体に大きさ 20 N の一定方向の力が作用し，物体は力の方向に運動を始めるとする．この進行方向を x 軸とする．

(1) 物体の運動方程式を微分形式で書け．

(2) 運動を始めてから 10 s 後の物体の速度および位置を求めよ．

(3) 10 s 間に力が行う仕事および 10 s 後の物体の運動エネルギーを求めよ．

(4) 10 s 間に力が与えた力積(力×作用時間)および 10 s 後の物体の運動量(質量×速度)を求めよ．

テーマ15 運動エネルギーと仕事

仕事→運動エネルギー(2)

問3. 静止していた質量 m [kg]の物体に大きさ F [N]の一定方向の力が作用し，物体は力の方向に運動を始めるとする．この進行方向を x 軸，力の記号を F_x とする．

(1) 物体の運動方程式を微分形式で書け．

(2) 運動を始めてから t [s]後の物体の速度 v_x [m/s]および位置 x [m]を求めよ．

(3) 運動中の物体について，仕事 $F_x x$ [J]が運動エネルギー $\frac{1}{2}mv^2$ [J]に変わることを示せ．

(4) 運動中の物体について，力積 $F_x t$ [N·s]が運動量 mv_x [kg·m/s]に変わることを示せ．

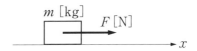

重力がする仕事 → 運動エネルギー

問4. 高さ h [m] の位置から自由落下する質量 m [kg] の物体がある．重力加速度の大きさを g [m/s^2] とする．地面を原点とし，鉛直に z 軸をとり，上方を正の方向とする．

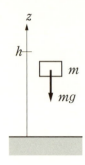

(1) 物体が地面に着くまでに重力が行う仕事 W [J] を求めよ．

(2) 運動方程式から，時刻 t [s] での物体の速度 v_z [m/s]，および位置 z [m] を求めよ．

(3) 物体が地面に着くまでの時間 t [s]，およびそのときの速度 v_z [m/s] を求めよ．

(4) 物体が地面に着くときの運動エネルギー T [J] を求めよ．

テーマ15　運動エネルギーと仕事

運動エネルギー → 仕事 → 熱

問5. 質量 20 kg の物体を水平な氷面上で初速度 3.0 m/s で滑らせたところ，摩擦力によって一様に減速し，15 秒後に静止した．物体の進行方向を x 軸とする．

(1) 物体の始めの運動エネルギー T [J] を求めよ．

(2) 物体の加速度および氷面から物体に作用する摩擦力を求めよ．

(3) 時刻 t [s] での物体の速度 v_x [m/s]，および位置 x [m] を求めよ．

(4) 物体が静止するまでに進む距離を求めよ．

(5) 物体が静止するまでに摩擦力が行う仕事 W [J] を求めよ．

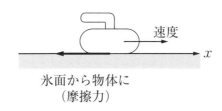

運動エネルギー → 仕事 → 電力

問 6. 空気 1 m³ は約 1.2 kg の質量(20 ℃,1 気圧の場合,密度 $\rho \fallingdotseq 1.2$ kg/m³)を持つ.平均風速 12 m/s の風がほぼ一定方向に吹き続けている場所で,風に垂直に半径 20 m のプロペラ型風車を持つ風力発電所をつくる.風が運ぶエネルギーの 35 % を電力に変えることができるとする.次の各量を計算せよ.結果を適切な単位で表わすこと.

(1) 空気 1 m³ が持つ運動エネルギー

(2) 風に垂直な面積 1 m² を 1 秒間に通過するエネルギー

(3) 風車の回転半径の円内に 1 秒間に送りこまれてくるエネルギー

(4) この発電所から得られる電力

テーマ 16　位置エネルギーと仕事

　自由落下する物体は重力がする仕事から運動エネルギーを得る．高い位置にある物体は，このような可能性を持つので，**位置エネルギー**，または**ポテンシャルエネルギー** U [J]を持つという．質量 m [kg]の物体が基準位置(たとえば地面)から高さ h [m]の位置にあるとき，この物体の位置エネルギーは $U=mgh$ [J]である．

　自由落下に限らず，物体が高い所から低い所へ移動するとき，重力はいつでも正の仕事をする．このとき，**鉛直方向の変位成分だけが仕事に有効**であり，水平方向の変位成分は仕事に無効である．結果として，質点がどのような経路で移動しても，**重力がする仕事は高さの差だけで決まる**．

　重力の位置エネルギー U [J]は重力に対抗する力(重力 F と逆向きの仮想的な力 $-F$)で物体を低い所から高い所へ移動させるときの仕事と同じ値の物理量ともみなせる．この考え方は電気力やバネの力の位置エネルギーを求めるときにも使える．位置エネルギーを持つ力を**保存力**，持たない力(摩擦力など)を**非保存力**と呼ぶ．

Note 16.1.　重力のポテンシャルエネルギー　$U=-\dfrac{GMm}{r}$ [J]

　地上にある質量 m [kg]の物体を，重力 $-\dfrac{GMm}{r^2}$ [N]に対抗する力 $\dfrac{GMm}{r^2}$ [N]で，地球の表面 $r=R$ [m]からある距離 $r=r_1$ [m]の点まで鉛直線に沿って運ぶとする．r [m]は地球の重心から物体までの距離，G [N·m²/kg²]は万有引力定数，M [kg]は地球の質量である．

　距離 r_1 [m]が地球の半径 R [m]にくらべて無視できないくらい大きいときは，地球から遠ざかるにつれて重力が小さくなることを考慮する必要がある．

　物体を r から $r+dr$ まで運ぶときの微小仕事は $dW=\dfrac{GMm}{r^2}\,dr$ [J]，

　物体を R から r_1 まで運ぶときの仕事は $W=\displaystyle\int_R^{r_1}\dfrac{GMm}{r^2}\,dr=\dfrac{GMm}{R}-\dfrac{GMm}{r_1}$ [J]

この式は地球表面を基準点とする位置エネルギーを表わす式である．

　位置エネルギーの基準点は自由に選べる．上の式から定数 $\dfrac{GMm}{R}$ を引くと，無限遠方を基準点とする位置エネルギーとなる．変数 r_1 は単に r としてよい．

　宇宙的な規模で位置エネルギーを考えるときは $U=-\dfrac{GMm}{r}$ [J]とする．

　この形の式はポテンシャルエネルギーと呼ばれることが多い．

重力がする仕事 → 運動エネルギー

問1. 図のような斜面をO点からP点まで滑り降りる質量 m [kg] の物体がある．重力加速度の大きさを g [m/s²] とする．物体は始めはO点で静止しているとし，摩擦の影響を無視する．図のような x 軸で運動を表わすこと．

(1) 物体がP点に着くまでに重力が行う仕事 W [J] を求めよ．

(2) 運動方程式から出発して，時刻 t [s] での物体の速度 v_x [m/s]，および位置 x [m] を求めよ．

(3) 物体がP点に着くまでの時間 t [s]，およびそのときの速度 v_x [m/s] を求めよ．

(4) 物体がP点に着くときの運動エネルギー T [J] を求め，その意味を説明せよ．

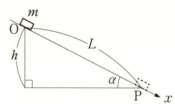

テーマ 16　位置エネルギーと仕事

自由落下の $T+U$

問 2. 高さ $h\,[\mathrm{m}]$ の位置から自由落下を始めた質量 $m\,[\mathrm{kg}]$ の物体がある．重力加速度の大きさを $g\,[\mathrm{m/s^2}]$ とする．地面に原点をとり，鉛直上方を z 軸の正の方向とする．

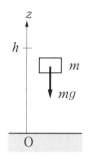

(1) 物体の位置が $z\,[\mathrm{m}]$ になるまでに重力が行う仕事 $W\,[\mathrm{J}]$ を求めよ．

(2) 位置が $z\,[\mathrm{m}]$ のときの物体の運動エネルギー $T\,[\mathrm{J}]$ を求めよ(⇨テーマ 15 問 4)．

(3) 物体が地面に着くまでの間 $T+U=$ 一定 であることを示せ．$U=mgz$ は位置エネルギーである．

$\dfrac{1}{2}mv^2+mgz=$ 一定 **の使い方**

問3. 野球で,キャッチャーフライがホームベースの真上で,バットに当った位置
(基準点とする)から20 m の高さまで上がった.ボールの質量を150 g とする.

(1) 打たれた位置を基準点とし,最高点でのボールの位置エネルギーを求めよ.

(2) 打たれた直後のボールの速さを求めよ.

(3) 打たれた位置から15 m 上がったときのボールの速さを求めよ.

テーマ16　位置エネルギーと仕事

重力の位置エネルギー　$U=mgz$

問4. 次の各場合の位置エネルギーを計算せよ. ｛ ｝を基準点とする.

(1)　高さ20 m のところを斜めに飛んでいる質量150 g のボール　｛グラウンド｝

(2)　平均の高さ50 m のダムにある100万トンの水　｛ダムの下の水力発電所｝

(3)　高さ8850 m のエベレスト山頂に立つ体重60 kg の人　｛海面｝

(4)　高度10 km のところにある質量5.3×10^{-26} kg の酸素分子　｛海面｝

位置エネルギー U と力 F の関係

問5. 位置エネルギー U [J]は，一般に，「位置」を示す座標の関数になっている．U から力 F [N]を求める確実な方法は「U を座標の変数で微分して符号を変える」ことである．実際に，この計算で力 F を表わす式が得られることを次の各場合で確認せよ．空間で，位置の関数 U が減少する方向がその位置での力 F の方向に一致していることも確認すること．{ } を基準点とする．

(1) $U = mgz$：地上 z [m]の高さにある質量 m [kg]の物体　{地面}

(2) $U = \dfrac{1}{2}kx^2$：バネ定数 k [N/m]のバネが x [m]伸びた状態　{自然長}

(3) $U = -\dfrac{GMm}{r}$：地球の重心から r [m]の距離にある質量 m [kg]の物体　{無限遠方}

(4) $U = \dfrac{kQq}{r}$：距離 r [m]はなれた電気量 Q [C]と q [C]の電荷間のクーロン力　ここで，$k \fallingdotseq 9 \times 10^9$N・m^2/C^2 はクーロン力の定義定数である．　{無限遠方}

110

テーマ16　位置エネルギーと仕事

杭を打つ仕事

問6. 図のように，上からおもりを自由落下させて，地面に杭を打ち込むとする．杭の真上で高さ $h=10.0\,\mathrm{m}$ の位置から質量 $m=100\,\mathrm{kg}$ のおもりを落としたところ，杭は距離 $s=0.5\,\mathrm{m}$ 打ち込まれた．おもりが杭に接触してから，杭が止まるまでの間，杭からおもりに一定の力 $f\,[\mathrm{N}]$ が作用していたと仮定する．次の各量を求めよ．

(1) 杭に接触する瞬間のおもりの運動エネルギー
(2) 杭を打つ仕事に使われたおもりの力学的エネルギー
(3) 力 $f\,[\mathrm{N}]$ の大きさ
(4) 重力が $f\,[\mathrm{N}]$ に相当する仮想的なおもりの質量

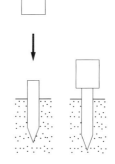

テーマ 17　力学的エネルギー保存則とその応用

　力学的エネルギー保存則は「運動エネルギーと位置エネルギーの和は一定である」ことを言い，$\frac{1}{2}mv^2+U=E$ と表わされる．この式は運動方程式「質量×加速度＝力」$m\frac{d\boldsymbol{v}}{dt}=\boldsymbol{F}$ と速度の定義 $\boldsymbol{v}=\frac{d\boldsymbol{r}}{dt}$ から得られる．この間で，「仕事＝力・変位」の考え方を表わす $W=\boldsymbol{F}\cdot\boldsymbol{s}$ または $dW=\boldsymbol{F}\cdot d\boldsymbol{r}$ が使われる．

　これまでは，まず運動方程式を解いて，結果をエネルギー保存則に書き換えた．もっと直接に，力学的エネルギー保存則と運動方程式の関係を示す方法がある．

　①エネルギー保存則の式を時間 t で微分すると運動方程式になる．ならば，

　②その逆を実行すれば，**運動方程式から一気にエネルギー保存則の式を得る**．

この①の方法はわかりやすいが，②の方法は始めは思いつき難い．しかしながら，②は**簡潔にエネルギー保存則の意味を示す算法**である．

　力学的エネルギー保存則が成り立たない力，たとえば摩擦力，については，この方法は適用できない．摩擦力がする仕事は熱などに変わり，力学的エネルギーではなくなるためである．別の判断が必要になる．**保存力**の名は**力学的エネルギー保存則が成り立つ力**に由来している．**重力**，**電気力**，**バネの弾性力**などは保存力である．

Note 17.1.　力学的エネルギー保存則と運動方程式，1次元で

　運動エネルギーはどの場合でも $T=\frac{1}{2}mv^2$ [J] と表わされる．位置エネルギー U [J] は保存力の種類で決まる形を持つ（$U=mgz$，$U=\frac{1}{2}kx^2$ など）．力 $\boldsymbol{F}$ と U の関係はどうなるだろうか．この仕組みを1次元の場合で調べてみよう．座標の変数を x で表わすとする．$v_x=\frac{dx}{dt}$ である．

　$T+U=E$ の両辺を時間で微分すると $\dfrac{dT}{dt}+\dfrac{dU}{dt}=0$

　ここで，$\dfrac{dT}{dt}=\dfrac{d}{dt}\left(\dfrac{1}{2}mv_x{}^2\right)=mv_x\dfrac{dv_x}{dt}$,　$\dfrac{dU}{dt}=\dfrac{dU}{dx}\dfrac{dx}{dt}=\dfrac{dU}{dx}v_x$

　$\therefore\ \dfrac{dT}{dt}+\dfrac{dU}{dt}=mv_x\dfrac{dv_x}{dt}+\dfrac{dU}{dx}v_x=\left(m\dfrac{dv_x}{dt}+\dfrac{dU}{dx}\right)v_x=0$,

　$\therefore\ m\dfrac{dv_x}{dt}=-\dfrac{dU}{dx}$　　これは運動方程式（$ma_x=F_x$）の形をしている．

　$F_x=-\dfrac{dU}{dx}$ ならば，力 F_x に対して，U が位置エネルギーである．

　つまり，位置エネルギーを座標で微分して，符号を変えた式が力を表わす．これが力が保存力である条件であり，位置エネルギーを見つける方法である．

Note 17.2. 力学的エネルギー保存則を経て運動の解へ

運動方程式 $m\dfrac{d\boldsymbol{v}}{dt}=\boldsymbol{F}$ と力学的エネルギー保存則 $\dfrac{1}{2}mv^2+U=E$ は微積分の演算でつながれている．後者は $\boldsymbol{v}=\dfrac{d\boldsymbol{r}}{dt}$ を含む式なので，運動を表わす解 $\boldsymbol{r}(t)$ を求めるには，保存則の式を書き換えて，もう一度時間 t で積分する必要がある．つまり，力学的エネルギー保存則は運動方程式とその最終的な解 $\boldsymbol{r}(t)$ の中間にあって，数学的には，まだ**解き終わっていない運動方程式**ともいえる．

「もう一度積分する」には，問題ごとに異なる工夫が必要になる．1次元の放物運動および単振動について，これらの筋書きを比較しながら最後まで実行してみよう．その上で，同じ演算を3次元の万有引力の場合および一般的な力の場合に拡張し，現在できる範囲までの比較を行ってみよう．**エネルギー保存則までは，共通の手順がある**ことがわかる．この続きは174ページにある．

Note 17.3. 保存力と非保存力の見分け方

あるひとつの力 $\boldsymbol{F}$ が保存力であるか否かを見分ける厳密な方法がある．その力がする仕事の特徴を判断基準にする．ある点 P から出発して，別の点 Q に着くまでの**仕事が経路によらず同じ値になる**とき，その力 $\boldsymbol{F}$ は保存力である．

たとえば，右図の斜面上で P→Q と移動する物体に重力がする仕事は同じ物体が P→R→Q と移動するときの仕事と同じである．水平移動は仕事ゼロである．このことから「重力は保存力である」と判断する．

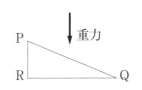

別の表現をしよう．この力で，P→Q→R→P と**一周する経路での仕事はいつでもゼロ**になる．

経路は仮想的に任意に設定してよい．一周経路を右図の閉曲線とする．この曲線は傾きの異なる無数の微小な斜面の集まりである．斜面のうち垂直成分だけが仕事に有効である．ならば，曲線を一周する仕事はゼロ，したがって重力は保存力である．

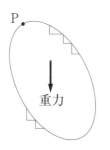

重力で行った上の考察を，摩擦力に試みると移動の結果は常に負となり，ゼロにはなり得ない．したがって，摩擦力は保存力ではない．

このような判定法は，いつでも**ひとつの力ごとに別々に行う**．

運動方程式と力学的エネルギー保存則の関係

問1. 重力のみで鉛直方向に運動する物体の運動方程式と力学的エネルギー保存則の関係を次の2つの方法で説明せよ．鉛直線を z 軸とし，上方を正の向きとする．

(1) 力学的エネルギー保存則を表わす式 $\dfrac{1}{2}mv_z{}^2+mgz=E$ の両辺を時間 t で微分すれば，運動方程式 $m\dfrac{dv_z}{dt}=-mg$ が得られる．ここで，$v_z=\dfrac{dz}{dt}$ である．

(2)* 運動方程式 $m\dfrac{dv_z}{dt}=-mg$ の両辺に v_z をかけて，両辺を t で積分すれば，力学的エネルギー保存則 $\dfrac{1}{2}mv_z{}^2+mgz=E$ が得られる．E は積分定数である．

テーマ17　力学的エネルギー保存則とその応用

放物運動の力学的エネルギー保存則

問2. 放物運動では運動を鉛直線上に限らなくとも，$\dfrac{1}{2}mv^2+mgz=E$　が成り立

つ．ここで，$v^2=v_x{}^2+v_y{}^2+v_z{}^2$，$v_x=\dfrac{dx}{dt}$，$v_y=\dfrac{dy}{dt}$，$v_z=\dfrac{dz}{dt}$である．

(1) 水平方向には力が作用していないことに目をつけ，$\dfrac{1}{2}mv^2+mgz=$一定　が
成り立つことを説明せよ．問1の式に項を追加すればよい．

(2) 水平なグラウンドで，ある方向に初速 40 m/s でゴルフボールを打ち上げた．
ボールが高さ 10 m のところを通過するときの速さを求めよ．

単振動の力学的エネルギー保存則

問3. x 軸上の変位 x [m]に対して復元力 $-kx$ [N]の作用を受ける質量 m [kg]の質点は単振動を行う．この場合の運動方程式と力学的エネルギー保存則の関係を次の2つの方法で説明せよ．

(1) 力学的エネルギー保存則を表わす式 $\dfrac{1}{2}mv_x{}^2+\dfrac{1}{2}kx^2=E$ の両辺を時間 t で微分すれば，運動方程式 $m\dfrac{dv_x}{dt}=-kx$ が得られる．ここで，$v_x=\dfrac{dx}{dt}$ である．

(2)* 運動方程式 $m\dfrac{dv_x}{dt}=-kx$ の両辺に v_x をかけて，両辺を t で積分すれば，力学的エネルギー保存則 $\dfrac{1}{2}mv_x{}^2+\dfrac{1}{2}kx^2=E$ が得られる．E は積分定数である．

116

テーマ 17　力学的エネルギー保存則とその応用

引力を振り切るエネルギー

問 4. 宇宙ロケットが鉛直に上昇し，地球の半径 R [m] の 2 倍の点 $r=2R$ [m]（地表からは R [m] の点）まで上がったところでエンジンの噴射を止め，以後，直線的に慣性飛行を続けるとする．噴射を止めたときのロケットの質量を m [kg]，速さを v [m/s] とする．

(1) この点でのロケットの位置エネルギーを求めよ．無限遠方を基準点とする．

(2) このロケットが地球の引力を振り切るための v [m/s] の下限を求めよ．（無限遠方に行っても，なおも運動エネルギーを持つようにする）

(3) $R=6.4\times10^6$ m として，v の値を求めよ．

117

U の全微分と力 F

問5. 万有引力の位置エネルギー (Note 16.1.) は $U = -\dfrac{GMm}{r}$ [J] であることを次の方法で示せ．$r = |\boldsymbol{r}| = \sqrt{x^2 + y^2 + z^2}$ [m] である．

(1) U を r で微分して符号を変えると，万有引力の r 方向の成分 F_r を表わす式になることを示せ．

(2) U を x で偏微分した式 $\dfrac{\partial U}{\partial x}$ を求めよ．同様に，$\dfrac{\partial U}{\partial y}$, $\dfrac{\partial U}{\partial z}$ を求めよ．

(3) $-\dfrac{\partial U}{\partial x}$ は万有引力の x 成分 F_x [N] を表わしていることを説明せよ．

(4) $dU = \dfrac{\partial U}{\partial x}\,dx + \dfrac{\partial U}{\partial y}\,dy + \dfrac{\partial U}{\partial z}\,dz$ は U の全微分と呼ばれる．この符号を変えた式 $-dU$ [J] は万有引力 $\boldsymbol{F}$ [N] が微小変位 $d\boldsymbol{r}$ [m] の間で行う微小仕事 dW [J] を表わしていることを説明せよ．

テーマ17　力学的エネルギー保存則とその応用

$T+U$ の値が保存されるときと保存されないとき

問 6. 図のような傾きの斜面 PQ 間をスキーヤーが初速度ゼロから自然に滑降する場合を考える．人とスキーを合わせた質量を 60 kg とする．

(1) P 点でのスキーヤーの位置エネルギーを求めよ．Q 点を基準とする．

(2) 雪面とスキーの間の摩擦力を無視した場合の Q 点でのスキーヤーの速さを求めよ．

(3) 雪面とスキーの間に 20 N の摩擦力がある場合に摩擦力が行う仕事を求めよ．

(4) 上の(3)の場合に Q 点でのスキーヤーの運動エネルギーおよび速さを求めよ．

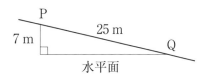

テーマ 18　いろいろなエネルギー

自然界には力学的エネルギー以外のエネルギーがある．**熱，光，電力(量)**などがその代表例である．それらは互いに転換し合うことができ，共通の単位ジュールで表わされ，その**総量が保存される**(増減しない)ことが確認されている．この転換のようすを調べることで，**自然をより正確に認識する道**が拓かれてきた．今回は，いろいろなエネルギーの考え方や算定法を，解説を兼ねながら，問題の形で挙げる．

熱エネルギーや電気エネルギーは原子的なレベルでは力学的エネルギーであることが多い．質量もエネルギーに換算できる．電磁波(光)は質量ゼロであって，光速でエネルギーを運ぶ実在物である．**広い意味のエネルギー保存則はこのような自然界の全対象に適用できる基本法則**である．

Note 18.1.　力学的エネルギー保存則とその破れ

力学的エネルギー保存則の話では，エネルギーが力学の範囲内だけに留まる現象を選んで扱っている．問題の対象が狭い範囲に限られていると感じるであろう．自然界全体を理解するために，もっとも基本的な力学からとりかかっているためである．そこには**単純化や理想化の仮定**が持ち込まれている．

重力やバネの復元力による運動では力学的エネルギー保存則 $T+U=E$ が成り立つ．実際には，この保存則は簡単に破れる．ボールが空中を飛んでいる間は，確かに目に見えるような具合に $T+U=E$ である．ところが，放物運動が終ったところで，この関係式も終わりになる．バネの振動でも，すぐに減衰して，$E \to 0$ となる．日常的な現象では，この保存則は成り立たないことの方がはるかに多い．**エネルギーが姿を変えるためである**．

エネルギーは熱として物質の中に入り込んだり，電波や光で空間を運ばれたりして，自然界を流通している．おかげで，力学の基本法則が見え難くなっている．人智のおよび得ないところでエネルギーのやりとりが行われている．これこそが自然界の豊かさの表象であろう．

テーマ 18　いろいろなエネルギー

Note 18.2.　電力と電力量

電力は普通はエネルギー転換率のことで 1 W＝1 J/s の単位で表わされる．**電力量**は　電力×時間　で，1 kWh(キロワット時，商用単位)＝3.6×10⁶ J となる．

Note 18.3.　熱力学の第 1 法則

力学的エネルギー保存則 $T+U=E$ を改変するもっともポピュラーな物理量は熱である．位置エネルギー U は運動エネルギー T に変わり，**運動エネルギーは熱量 Q に変わり得る**．摩擦での発熱はその身近な例である．

ジュールは，ファラデーに刺激されて熱現象を研究し，力学的エネルギーが熱に変わることを実験で示した(1847)．彼はおもりが降下するときの動きを利用して水をかき混ぜる装置を考案し，おもりの**位置エネルギーの低下が水をどの程度あたためるか**を測定した．

この実験はエネルギー保存則の考え方に重要な役割りを果たした．

力学的エネルギーに**熱量 Q までを含めたエネルギーの保存則**

　　　$T+U+Q=$一定

は**熱力学第 1 法則**と呼ばれている．

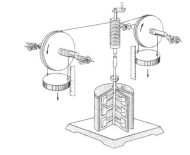

図　ジュールの実験装置

Note 18.4.　光のエネルギー

熱エネルギーは，さらに，**光エネルギーに変わる**．たとえば，熱せられた物体が温度に応じて，赤い光や青白い光を放つのはよくみかけることである．つまり，物体は**温度に応じていろいろな波長の電磁波を放射**している．私たちの体は体温に相当する遠赤外線を出している．このエネルギーを赤外線センサーがキャッチすると自動的に開くドアがある．また，宇宙は 130 億年前に大爆発し，その後は膨張しながら冷え続けている．現在の宇宙空間には温度 3 K に相当するマイクロ波が満ちている．これらはすべて，**プランクの放射の法則**で説明される．この法則は**光がエネルギーの粒であること**から導かれた．光が粒子性と波動性の二重性をもつことが現代物理学の**量子力学の基盤**である．

運動エネルギーと温度

問1. 絶対温度 T [K]の 1 個の酸素分子は $\frac{3}{2}k_B T$ [J]の並進運動の運動エネルギー*を持つ．ここで，$k_B=1.38\times10^{-23}$ J/K は温度とエネルギーの換算に使われる物理定数であり，ボルツマン定数と呼ばれている．

（*分子はこのほかに，$k_B T$ [J]の回転運動の運動エネルギーを持つ．この効果は今は無視する．）

(1) 温度 27 ℃ ＝300 K の酸素分子（質量 5.3×10^{-26} kg）の速さを求めよ．

(2) 分子の速さが 1 ％増すと，絶対温度は何 ％上昇するか．

テーマ18　いろいろなエネルギー

熱量と力学的エネルギーの換算

問2. 質量1gの水の温度を1℃上げるには4.2Jのエネルギーが必要である．この値は水の比熱(単位J/(g・K))と呼ばれている．

(1) この値を同量の水の運動エネルギーに換算すると何m/sの速さに相当するか．

(2) この値を同量の水の位置エネルギーに換算すると何mの高さに相当するか．

(3) 50kgの水の温度を20℃上げるために必要なエネルギーを求めよ．

位置エネルギー ⟶ 電力

問3. ある水力発電所で，高さ 30 m の位置から毎秒 1.0 トンの割合で落ちる水が使えるとする．水の位置エネルギーの 80 ％が電力に変えられると仮定する．

(1) この発電所から供給できる電力 P [kW] を求めよ．

(2) この発電所を 24 時間稼動して供給できる電力量 E を kWh 単位および J 単位で求めよ．

テーマ 18　いろいろなエネルギー

電気エネルギーの表わし方

問 4. 電圧 1 V(1 ボルト)の電源とは，プラス極からマイナス極へ外部回路を通して 1 C(1 クーロン)の電荷を移動させるときに 1 J のエネルギー(電源外での仕事，光，熱量に変わる)を取り出せる装置である(1 V＝1 J/C)．一方，1 A(1 アンペア)の電流とは 1 秒間に 1 C の電荷移動率のことである(1 A＝1 C/s)．この機能および定義をもとに次の各量を求め，その理由を説明せよ．

(1)　電圧 120 V の電源から 5 A の電流を取り出すとき電源の仕事率 P [W]

(2)　上の(1)の使い方を 1 時間続けるときに電源から取り出されるエネルギー E [J]

(3)　電圧 V [V] の電源から I [A] の電流を取り出すときの電力 P [W]

(4)　上の(3)の使い方を h 時間続けるときに電源から取り出される電力量 E [J]

125

質量とエネルギーの関係

問 5. 相対論によれば，質量 m [kg]の物体は $E=mc^2$ [J]のエネルギーを持つとみなせる．$c=3.0\times10^8$ m/s は光の速さである．物体が速さ v [m/s]で運動しているとき，質量は $m=\dfrac{m_0}{\sqrt{1-\dfrac{v^2}{c^2}}}$ [kg]となる．m_0 は物体が静止しているときの質量であり，静止質量と呼ばれる．

(1) 10 億 J のエネルギーに相当する物質の静止質量を求めよ．

(2) 出力電力 100 万 kW の原子力発電所での燃料物質の 1 日当たりの質量減少率を求めよ．質量エネルギーの利用効率を 30 % と仮定する．

(3) 物体の速さが光速にくらべて十分小さいときには $E\fallingdotseq m_0c^2+\dfrac{1}{2}\,m_0v^2$ と表わされることを示せ．$\varepsilon\ll1$ のときの近似式 $(1+\varepsilon)^n\fallingdotseq1+n\varepsilon$ を利用すること．

テーマ18　いろいろなエネルギー

太陽から地球へのエネルギー＊

問6. 太陽の表面温度は太陽光のエネルギーの分析より，5780 K であると認められている．一般に，温度 T [K] の物体は表面から $P=\sigma T^4$ [W/m²] の割合で電磁波（光）のエネルギーを放射している．ここで，$\sigma=5.67\times10^{-8}$ W/(m²・K⁴) はシュテファン・ボルツマン定数と呼ばれる物理定数である．太陽の半径は 6.96×10^8 m，太陽と地球間の距離は 1.50×10^{11} m である．以上のことをもとに，次の各量を試算せよ．

(1) 太陽が1秒当りに周囲の空間に放射する全エネルギー

(2) 上の放射エネルギーのもとになる物質の質量

(3) 地球上（大気圏外）で，太陽光に垂直な面積1 m² に1秒当りに送られてくるエネルギー

テーマ19　中心力による運動

太陽と地球の間の**万有引力は両者を結ぶ直線に沿って作用**し合う．このような力を中心力と呼ぶ．太陽は地球にくらべて大きな質量(約33万倍)を持つのでほとんど動かず，地球が太陽を中心として回り続けている．

正電荷を持つ陽子と負電荷を持つ電子の間の**電気的な引力(クーロン力)も中心力**である．この力が水素原子を造っている．陽子は電子にくらべて大きな質量(約1800倍)を持つので，電子が陽子のまわりを動きまわるとみなされる．

中心力による運動では**力学的エネルギーが保存**される．さらに，**角運動量が保存**される．角運動量は**回転運動の向きと規模を表わす物理量**である．この2つの保存則は地球の運動が安定であること，1年の長さが変わらないことを保証している．

Note 19.1.　運　動　量

速度 v [m/s] で運動する質量 m [kg] の質点は**運動量** $p=mv$ [kg·m/s] を持つという．この p を使うと運動方程式は $\dfrac{dp}{dt}=F$ と表わされる．

Note 19.2.　角運動量

座標系の原点Oに中心力 F [N] の源があるとする．この力の作用で，ある質点が位置 r [m] を運動量 p [kg·m/s] で運動しているとき，この質点は**角運動量** $L=r\times p$ [J·s] を持つという．単位は $1\,\mathrm{m\cdot kg\cdot m/s}=1\,\mathrm{kg\cdot (m/s)^2\cdot s}=1\,\mathrm{J\cdot s}$ である．

式 $r\times p$ を r と p の**ベクトル積**と呼び，右図のように定義する．図では，質点はO点のまわりを左回りに回っている．L を紙面に上向きに立てて，この**回転の向き**を示すことにする．また，図の平行四辺形の面積を L の大きさとし，**回転の規模を表わす**ことにする．

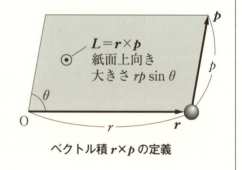

ベクトル積 $r\times p$ の定義

テーマ 19 中心力による運動

Note 19.3. ベクトル積 $A \times B$, 一般的な定義の話

ベクトル A と B の積には, スカラー積 $A \cdot B$ とベクトル積 $A \times B$ がある. A と B の間の角度を θ として, $A \times B$ は A と B を含む平面に垂直で, 大きさが $AB\sin\theta$ のベクトルである. 向きは, この平面上で A 側から B 側へと右ネジを回すときにネジが進む向き, と定義する. 下図に, この関係を立体的に示す. A, B と $A \times B$ は, 大きさと向きを変えないで, 始点が同じになるように平行移動させて描いてある.

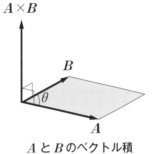

A と B のベクトル積

こう定義すると, $A \times B$ と $B \times A$ は向きが逆で, $B \times A = -A \times B$ となる. また, A と B が平行なら, $A \times B = 0$ となる. 以上の定義は座標系によらない

$A = A_x \bm{i} + A_y \bm{j} + A_z \bm{k}$, $B = B_x \bm{i} + B_y \bm{j} + B_z \bm{k}$ の座標系の成分を使うには, $\bm{i}$, $\bm{j}$, $\bm{k}$ どうしに上の定義を適用する. 結果は, 次式となる.

$$A \times B = (A_y B_z - A_z B_y)\bm{i} + (A_z B_x - A_x B_z)\bm{j} + (A_x B_y - A_y B_x)\bm{k} = \begin{vmatrix} \bm{i} & \bm{j} & \bm{k} \\ A_x & A_y & A_z \\ B_x & B_y & B_z \end{vmatrix}$$

∵ $\bm{i} \times \bm{i} = 0$, $\bm{i} \times \bm{j} = \bm{k}$, $\bm{i} \times \bm{k} = -\bm{j}$, …

この式は右の行列式の形が覚えやすい.

Note 19.4. 中心力と角運動量の保存則

運動する質点の角運動量 $L = r \times p$ を**時間 t で微分**してみよう.

$$\frac{dL}{dt} = \frac{dr}{dt} \times p + r \times \frac{dp}{dt}$$

この式に速度の定義 $\frac{dr}{dt} = v$ および**運動方程式** $\frac{dp}{dt} = F$ を代入すると

$$\frac{dL}{dt} = v \times p + r \times F$$

となる. 右辺で, v と p はもともと平行なので $v \times p = 0$ である. $r \times F$ は力のモーメント (Note 14.1.) の一般形である. さらに, 中心力では r と F が平行なので, $r \times F = 0$ である. したがって, 次のように結論される.

中心力では, $\dfrac{dL}{dt} = 0$ ∴ $L = r \times p =$ 一定のベクトル

上式は, r と p は変化しても, $r \times p$ は変化しないこと, 質点は L に垂直な**平面上で運動する**ことを示している. これが**角運動量の保存則**である.

ベクトル積

問1. 次の2つのベクトルのベクトル積を求めよ．適当な図を描くこと．

(1) $r=2i$ [m]，$F=3j$ [N] のときの $r \times F$ [N·m]　　　（力のモーメント）

(2) $r=2i$ [m]，$F=4i-3j$ [N] のときの $r \times F$ [N·m]　　　（力のモーメント）

(3) $r=R\cos\omega t i + R\sin\omega t j$ のときの $r \times m \dfrac{dr}{dt}$ [J·s]　　（円運動の角運動量）

(4) $r=R\cos\omega t i - R\sin\omega t j$ のときの $r \times m \dfrac{dr}{dt}$ [J·s]　　（円運動の角運動量）

(5) $A=2i+3j+4k$，$B=-4i+3j+2k$ のときの $A \times B$ と $B \times A$

130

テーマ 19 中心力による運動

ベクトル積の時間微分

問 2. 2 次元の位置ベクトル $\boldsymbol{r}=x\boldsymbol{i}+y\boldsymbol{j}$ で，x, y が時間 t の関数であるとする．

(1) ベクトル積 $\boldsymbol{r}\times\dfrac{d\boldsymbol{r}}{dt}$ の成分を求めよ．

(2) ベクトル積 $\boldsymbol{r}\times\dfrac{d\boldsymbol{r}}{dt}$ の成分を t で微分せよ．さらに，結果をベクトル積の表現に戻すこと．

地球の公転の角運動量が示すことは

問 3. 太陽を原点とする座標系を使い，地球の公転運動に関して，次のことを説明
せよ．（Note 19.2. と Note 19.4. の話を地球と太陽に当てはめて確認する．）

(1) 地球の公転の角運動量は一定であること．

(2) 地球の公転運動は一定の平面上で起こっていること．

テーマ 19　中心力による運動

エネルギー保存則と角運動量保存則

問4. 地球半径 R [m]の2倍の半径 $r=2R$ [m]の円軌道上を運動している質量 m [kg]の人工衛星について，

(1) 衛星のポテンシャルエネルギー U [J]を求めよ．

(2) 衛星の速さ v [m/s]，運動エネルギー T [J]および力学的エネルギー $T+U$ [J]を求めよ．

(3) 衛星は重力を受けているにもかかわらず，速さが変化しないのは何故か．

(4) 衛星の角運動量の大きさ L [J・s]を求めよ．角運動量ベクトルを描け．

クーロン力と原子

問 5. 距離 r [m]離れている陽子と電子の間には大きさ $f = \dfrac{k}{r^2}$ [N]のクーロン力が作用し合う．水素原子のボーア模型では，電子はこの引力を受けて，陽子のまわりで円軌道を描き，そのときの角運動量がプランクの定数 $\hbar = 1.05 \times 10^{-34}$ J·s*に等しいと仮定されている．ここで，$k = 2.3 \times 10^{-28}$ N·m²，電子の質量は $m = 9.1 \times 10^{-31}$ kg である．陽子の質量は電子よりも十分大きく，円の中心は動かないとみなす．

(＊プランクの定数 $h = 6.63 \times 10^{-34}$ J·s に対し，$\hbar = \dfrac{h}{2\pi}$ で定義される定数)

(1) 電子の運動方程式を書け．円軌道の半径 r [m]と角速度 ω [rad/s]を使うこと．

(2) 電子の角運動量保存則を表わす式を書け．(1)と同様に，r と ω を使うこと．

(3) 上の(1), (2)より r と ω を求めよ．

(4) 電子の位置エネルギー U [J]，運動エネルギー T [J]，および力学的エネルギー $T + U$ [J]を求めよ．

テーマ 19　中心力による運動

極座標での表現[*]

問 6. xy 平面上の質点の運動を $x = r\cos\theta$, $y = r\sin\theta$ で定義される極座標 r, θ を使って表わすとする.

(1) $\dfrac{dx}{dt}$ および $\dfrac{dy}{dt}$ を, r, θ, $\dfrac{dr}{dt}$ および $\dfrac{d\theta}{dt}$ を使って表わせ.

(2) 角運動量の成分を r, θ, $\dfrac{dr}{dt}$ および $\dfrac{d\theta}{dt}$ を使って表わせ.

(3) 上の(2)の式は, 位置ベクトルが動くときに描く扇型の部分の面積に関係していることを説明せよ.

テーマ20　質点系と2体問題

　質点が2つ以上ある力学系を**質点系**と呼ぶ．万有引力やクーロン力は2つの質点の間で中心力として作用しあう．質点が2つ以上の場合も，力の組み合わせが増えるが，相互作用の仕方は同じである．

　質点が2つの場合は古くから**2体問題**と呼ばれてきた．ここで，力学の理解を深める上で大切な事柄に出会う．まず，系の重心が定義される．そこで，**2質点間の力（内力）と2質点以外からの力（外力）**の効果が区別できる．重心の運動は外力のみで決まる．外力がゼロの場合，2質点の運動量の合計が一定という**運動量保存則**が成り立つ．また，外力がゼロで，中心力のような内力だけの場合は1質点と同等になる．これまでは質点系の中のひとつの質点に注目していたことになる．

Note 20.1.　2体問題の運動方程式

　質量 m_1 の質点1の位置を $\boldsymbol{r}_1$，質量 m_2 の質点2の位置を $\boldsymbol{r}_2$ とする．これらの間に図のような**内力** $\boldsymbol{f}_{21}$ と $\boldsymbol{f}_{12}$ が作用し合い，それぞれに他の物体から**外力** $\boldsymbol{F}_1$ と $\boldsymbol{F}_2$ が作用するとき，運動方程式は次の連立方程式の形に表わされる．

$$m_1 \frac{d^2 \boldsymbol{r}_1}{dt^2} = \boldsymbol{F}_1 + \boldsymbol{f}_{21}$$

$$m_2 \frac{d^2 \boldsymbol{r}_2}{dt^2} = \boldsymbol{F}_2 + \boldsymbol{f}_{12}$$

$$\boldsymbol{f}_{21} = -\boldsymbol{f}_{12} \quad \text{（作用と反作用）}$$

2質点系の外力と内力

Note 20.2.　運動方程式の書き換え

上の連立方程式を解くために，図のような新しい位置ベクトルを使おう．

重心の位置ベクトル　$\boldsymbol{r}_\mathrm{G} = \dfrac{m_1 \boldsymbol{r}_1 + m_2 \boldsymbol{r}_2}{m_1 + m_2}$

相対位置ベクトル　$\boldsymbol{r} = \boldsymbol{r}_1 - \boldsymbol{r}_2$

方程式は次の形に書き直せる．

$\boldsymbol{r}_\mathrm{G}$ の方程式　$(m_1 + m_2) \dfrac{d^2 \boldsymbol{r}_\mathrm{G}}{dt^2} = \boldsymbol{F}_1 + \boldsymbol{F}_2$

$\boldsymbol{r}$ の方程式　$\dfrac{m_1 m_2}{m_1 + m_2} \dfrac{d^2 \boldsymbol{r}}{dt^2} = \boldsymbol{f}_{21} + \dfrac{m_2 \boldsymbol{F}_1 - m_1 \boldsymbol{F}_2}{m_1 + m_2}$

$\boldsymbol{r}_1$ と $\boldsymbol{r}_2$ の代わりに $\boldsymbol{r}_\mathrm{G}$ と $\boldsymbol{r}$ を使うことになる．

$\boldsymbol{r}_1$, $\boldsymbol{r}_2$ と $\boldsymbol{r}_\mathrm{G}$, $\boldsymbol{r}$ の関係

Note 20.3. 重心の位置の考え方

重心の位置 r_G は2つの質点を結ぶ線分を質量の比で内分する位置である。質量の大きい方の質点に近いように内分する。数値例を図(a)に示す。

重心から各質点までの距離と各質量の積が等しいように決められている。このことを、x 軸を使って表わすには、図(b)のように変数を決めて、

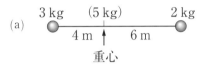

$$m_1(x_G - x_1) = m_2(x_2 - x_G)$$
$$\therefore \quad x_G = \frac{m_1 x_1 + m_2 x_2}{m_1 + m_2}.$$

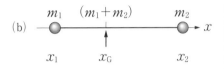

重心位置の決め方

x_G は x_1 と x_2 に m_1 と m_2 の重みをつけて平均した値(荷重平均)である。

Note 20.4. 重心の運動

方程式 $(m_1 + m_2)\dfrac{d^2 r_G}{dt^2} = F_1 + F_2$ は質量 $m_1 + m_2$ の質点に力 $F_1 + F_2$ が作用するときの運動方程式である。このとき、重心を1個の質点とみなす。

重心は2質点の外から作用する力で動く。内力は関係しない。

Note 20.5. 運動量保存則

外力がゼロの場合、重心 r_G の方程式を、運動量 $p_1 = mv_1$, $p_2 = mv_2$ で表わすと

$$(m_1 + m_2)\frac{d^2 r_G}{dt^2} = \frac{d^2(m_1 r_1 + m_2 r_2)}{dt^2} = \frac{d(p_1 + p_2)}{dt} = 0,$$

$$\therefore \quad p_1 + p_2 = 一定ベクトル$$

となる。この式は**運動量の合計が保存される**ことを示す。内力は関係しない。

Note 20.6. 内力による運動方程式と換算質量

外力がゼロの場合、相対座標 r の方程式は、

$$\frac{m_1 m_2}{m_1 + m_2} \frac{d^2 r}{dt^2} = f_{21}$$

となる。ここで、$\mu = \dfrac{m_1 m_2}{m_1 + m_2}$ [kg]を換算質量と呼ぶ。太陽と地球の場合、μ はほとんど地球の質量に等しい。重心は太陽の中にある。これまで、太陽を不動の中心とする話ができたのはこのためである。

2 質点の重心の位置

問1. 質量が 10 kg の質点 A と 40 kg の質点 B がある．次の各場合の重心の位置を求めよ．問題の位置の表わし方に合う方法で答えること．長さの単位は m とする．

(1) A と B を結ぶ線を x 軸とする．A は $x=3$，B は $x=8$ にある．

(2) A と B は xy 平面上にある．A は $(x, y)=(3, 4)$，B は $(x, y)=(8, 14)$ にある．

(3) A と B の位置ベクトルは，$r_A=3\boldsymbol{i}+4\boldsymbol{j}+5\boldsymbol{k}$，$r_B=8\boldsymbol{i}+14\boldsymbol{j}+20\boldsymbol{k}$ である．

テーマ 20 　質点系と 2 体問題

2 質点の重心の位置と各質点の運動

問 2. 次の 2 質点系の重心の位置と換算質量を求めよ．重心の位置は質量の大きい
方の質点からの距離で答えること．仮に，この 2 質点しか存在しないとすれば，各
質点はどう運動するか．

(1) 太陽と地球：

　それぞれの質量は 2.0×10^{30} kg と 6.0×10^{24} kg，距離は 1.5×10^{11} m

(2) 地球と月：

　それぞれの質量は 6.0×10^{24} kg と 7.3×10^{22} kg，距離は 3.8×10^{8} m

(3) 陽子と電子：

　それぞれの質量は 1.7×10^{-27} kg と 9.1×10^{-31} kg，距離は 5.3×10^{-11} m

気体分子の弾性衝突

問3. 速さが3：1で質量の等しい2個の気体分子どうしの衝突を考えよう．外力の作用はなく，運動量保存則が成り立つとする．さらに，分子は衝突で壊れることはなく，力学的エネルギー保存則も成り立つとする．これを弾性衝突と呼ぶ．弾性衝突の例として次の(1)，(2)を解き，(3)の理由を推測せよ．

 (1) 分子どうしは正面衝突し，衝突後はそれぞれがもと来た方向に戻ってゆくとする．衝突後の速さの比を求めよ．

 (2) 分子どうしは90°の角度で衝突し，衝突後は運動エネルギーが同じ値になるとする．衝突後の各分子の運動の方向を求めよ．

 (3) 気体の温度は分子の運動エネルギーに比例している．熱い気体と冷たい気体を混ぜると中間の温度の気体になる．原子どうしが衝突を繰り返すので，この変化が起こる．衝突時のエネルギー授受の一般的な傾向を推測せよ．

テーマ20 質点系と2体問題

原子どうしの衝突

問4. 質量の比が1対10の2個の原子A, Bが衝突する場合を考える. 同じ運動を2つの異なる座標系で表わして比較しよう. 速度の比で考えるのが簡単である.

(1) A, Bの重心が原点にある系(重心系)で, 原子Aはx軸の負の方向から飛来し, 衝突後はy軸の正の方向に飛び去った. 原子Bはどのような運動をしていたか.

(2) 衝突前にはBが原点に静止していた座標系(実験室系)で, (1)の衝突現象を表わすとする. 衝突後, A, Bはそれぞれどの方向に飛び去ったか.

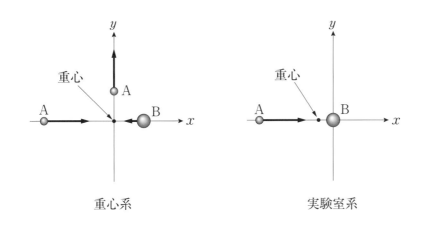

重心系   実験室系

外力の作用する2質点系

問5. 質量 0.5 kg のおもり A と質量 1.5 kg のおもり B が図のように糸 C と糸 D でつるされている．糸の質量およびおもりによる糸の伸びは無視できるとする．

(1) おもりが静止しているとき，それぞれのおもりに作用するすべての力のベクトルを描き，それらの大きさを求めよ．

(2) おもりが加速度 1.2 m/s^2 で上向きに動くとき，それぞれのおもりに作用するすべての力のベクトルを描き，それらの大きさを求めよ．

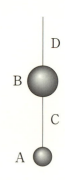

テーマ20　質点系と2体問題

連成振動[*]

問6. 図のように，質点1と質点2が3つのバネでつながれて，バネの伸縮方向に運動できる系を考える．2つの質点の質量は等しく m [kg]，3つのバネのバネ定数は等しく k [N/m] とする．質点にはバネ以外の力は作用せず，運動がないときバネは自然の長さにあり，質点は平衡位置（図で，それぞれの原点 O_1, O_2）にあるとみなす．質点1, 2の運動は，それぞれの平衡位置からの変位 x_1, x_2 [m] で表わされる．

(1) 質点1以外から質点1に作用する力を求めよ．質点2でも同様に行うこと．
(2) 質点1および質点2の運動方程式を書け．
(3) $y_1 = x_1 + x_2$, $y_2 = x_2 - x_1$ として，(2)の方程式を y_1, y_2 の方程式に書き換えよ．
(4) y_1, y_2 の方程式を解け．
(5) 上の(3), (4)の答をもとに，運動のようすを説明せよ．

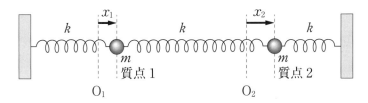

テーマ21　質点系と剛体の重心

重心は質点の集まりを代表する点である．n 個の質点に 1, 2, …, n の番号をつけて，番号 i の質点の質量を m_i [kg]，位置を r_i [m] とする．2 質点の場合を拡張して，n 質点の重心の位置は $r_G = \dfrac{\sum m_i r_i}{\sum m_i}$ [m] で計算される．Σ はすべての質点についての和を表わす．個数 n が数え切れる質点系ではこの式で十分である．

一定の形を持ち，変形しない物体を**剛体**と呼ぶ．多少の変形を無視すれば，物体の多くは剛体である．原子を質点とみなすと，剛体は小さな質量がたくさん集まった質点系である．この重心の位置を求めるには，質点系の考え方を受け継いで，計算法を変える．まず，剛体に適当な座標軸を固定する．その座標系で，位置 r [m] に微小質量 dm [kg] があると考える．重心の位置は，$r_G = \dfrac{\int_{剛体} r\,dm}{\int_{剛体} dm}$ [m] で計算される．$\int_{剛体}$ は剛体全体についての定積分である．これは，**和 Σ の極限が定積分**であることを物理的な方式で理解する例となる．計算を実行するには，dm を座標の変数で表わす工夫が必要である．

いくつかの剛体を組み合わせた構造物の重心は個々の剛体の重心を質点とみなした質点系の重心に等しい．

> **Note 21.1.　剛体の重心の計算法**
>
> 例　直角三角形の板の重心を求める工夫：
>
>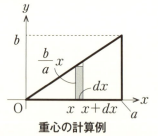
> 重心の計算例
>
> 底辺 a [m]，高さ b [m] の直角三角形に図のように座標軸を固定する．重心の x 座標 x_G を求めよう．座標 x から $x+dx$ までの微小区間の図形（斜線部）を細長い矩形とみなすと，その面積は $\dfrac{b}{a}x\,dx$ [m²] である．微小区間では矩形からのずれは無視してよい．材料の面積密度を σ [kg/m²] とするとこの矩形の質量は $dm = \sigma \cdot \dfrac{b}{a}x\,dx$ [kg] である．計算は次のように行う．
>
> $$\therefore\ x_G = \frac{\int_{三角形} x\,dm}{\int_{三角形} dm} = \frac{\int_0^a x\sigma\cdot\dfrac{b}{a}x\,dx}{\int_0^a \sigma\cdot\dfrac{b}{a}x\,dx} = \frac{\int_0^a x^2\,dx}{\int_0^a x\,dx} = \frac{2}{3}a\ [\mathrm{m}]$$

テーマ21　質点系と剛体の重心

重心の位置，座標系を使う計算

問1. 質量の比が $3:4:5$ の3個の質点 A，B，C が次の位置にあるとする．重心の位置を計算せよ．問題の位置の表わし方に合う方法で答えること．

(1) x 軸上で，A は $x_A=1$，B は $x_B=8$，C は $x_C=17$ にある．

(2) 平面座標 (x, y) で，A は $(1, 1)$，B は $(8, 15)$，C は $(17, 33)$ にある．

(3) 位置ベクトルが $\boldsymbol{r}_A=\boldsymbol{i}+\boldsymbol{j}+\boldsymbol{k}$，$\boldsymbol{r}_B=8\boldsymbol{i}+15\boldsymbol{j}+22\boldsymbol{k}$，$\boldsymbol{r}_C=17\boldsymbol{i}+33\boldsymbol{j}+49\boldsymbol{k}$ である．

質点系の重心

問2. 次の質点系の重心の位置を求めよ．座標軸を適当に定めること．

(1) 図1のようなやじろべえ（腕の針金の質量は無視する）

(2) 図2のような1辺が2mの正4面体の各頂点に質量3kgの質点があるとき

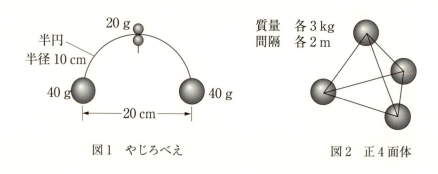

図1　やじろべえ　　　　　図2　正4面体

テーマ21　質点系と剛体の重心

平面図形の重心

問3. 一様な厚さの平板で次の形をつくる．重心の位置を求めよ．長方形の重心は対称の中心，3角形の重心は高さの1/3のところにあるとしてよい．

(1) 3辺の長さが3m，4m，5mの3角形

(2) 上底の長さが20cm，下底の長さが40cm，高さが30cmの対称台形

(3) 辺長が2mの正方形から，図3のように，辺長が1mの正方形を切り取った図形

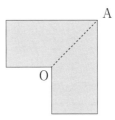

図3　ある図形

円柱と円錐

問 4. 均質な材料で次の立体をつくる．重心の位置を求めよ．

体積密度を $\rho\,[\mathrm{kg/m^3}]$ として計算を進めるのがよい．結果は ρ に関係しない．

(1) 半径 $R\,[\mathrm{m}]$ で高さ $h\,[\mathrm{m}]$ の円柱

(2) 底面の半径 $R\,[\mathrm{m}]$ で高さ $h\,[\mathrm{m}]$ の円錐 (図 4)

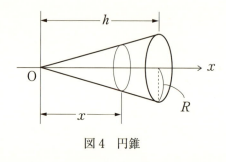

図 4　円錐

テーマ21　質点系と剛体の重心

ある構造物

問5. 図5のような橋桁状の構造物の重心の位置を求めよ．各部分は同じ太さの均質な材料でできているとし，全体の大きさに比べて，太さの影響は無視できるものとする．$a=2\,\mathrm{m}$, $b=3\,\mathrm{m}$として計算せよ．

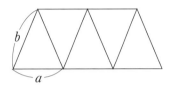

図5　ある構造物

テーマ 22　剛体の慣性モーメント

　モーターの回転子のように，剛体が定まった回転軸のまわりに回転する運動は日常的に多くみられる．回転体は運動エネルギーを持つ．エネルギーを他に渡すと回転体は停止する．回転運動にも慣性がある．ここでは**回転の慣性の大きさ**を表わす物理量を考えよう．回転軸は固定されているとする．回転の速さは角速度 ω [rad/s]で表わされる．このとき**回転の運動エネルギー**を $T=\dfrac{1}{2}I\omega^2$ [J]の形に表わせる量として，**慣性モーメント** I [kg・m^2]を定義しよう．I の値は**剛体の質量，形および回転軸を指定**すれば計算できる．この I を使うと，**回転の角運動量**の大きさは $L=I\omega$[J・s]で表わされることがわかる．

Note 22.1.　回転する質点のエネルギーと角運動量

　質量 M [kg]の質点が，ある回転軸から一定の距離 R [m]のところを角速度 ω [rad/s]で回転しているとする．質点の速さは $v=R\omega$ [m/s]，運動量の大きさは $p=Mv$ [kg・m/s]なので，運動エネルギー T [J]と角運動量の大きさ L [J・s]は M, R, ω を使って次の形に表わされる．

$$T=\frac{1}{2}Mv^2=\frac{1}{2}MR^2\omega^2, \qquad L=Rp=MR^2\omega$$

両式に共通に現われる因子 MR^2 [kg・m^2]を I とおくと，T, L は次の形になる．

$$T=\frac{1}{2}I\omega^2, \qquad L=I\omega$$

距離^2×質量　の形（質量の 2 次モーメント）が慣性モーメントの原型である．

Note 22.2.　剛体の慣性モーメントの定義

　慣性モーメントは回転軸からどれだけ離れたところにどれだけの質量があるかを表わす物理量である．回転軸の指定された剛体の慣性モーメント I は，上の考え方を剛体全体について合計するとして，次式で計算される．

$$I=\int_{剛体} r^2 dm \ [\text{kg・m}^2]$$

ここで，dm は剛体内の微小質量，r は回転軸から dm がある場所までの距離である．dm の扱い方および積分の実行法は重心の場合と同じである．

テーマ 22 剛体の慣性モーメント

Note 22.3. 代表的な立体の慣性モーメントの公式

いくつかの形の剛体について，重心 G を通る回転軸に関して計算した慣性モーメント I_G [kg·m²] の公式を挙げる．質量はすべて M [kg] とする．

(a) 半径 R の**球**： $\quad I_G = \dfrac{2}{5}MR^2$

(b) 辺の長さ a, b の**長方形板**：

長さ a の辺に垂直な軸に関して； $\quad I_G = \dfrac{1}{12}Ma^2$

板面に垂直な軸に関して； $\quad I_G = \dfrac{1}{12}M(a^2+b^2)$

(c) 内径 R_1，外径 R_2，厚さ H の**円環**：

回転軸 1 に関して（問 5）；
$$I_G = \dfrac{1}{2}M(R_1^2+R_2^2)$$

回転軸 2 に関して*；
$$I_G = \dfrac{1}{4}M(R_1^2+R_2^2) + \dfrac{1}{12}MH^2$$

この式で，R_1, R_2, H を適当に選べば，円柱，円板，棒，パイプなど，いろいろな剛体とすることができる．

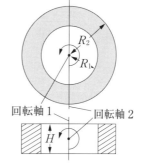

*この式は重心を原点として，円環に垂直に z 軸を持つ円筒座標 (r, θ, z) を使うと次の積分で計算できる．ρ [kg/m³] は円環材料の密度であり，$dm = \rho r d\theta dz dr$ [kg] である．
$$I_G = \int_{R_1}^{R_2}\int_{-H/2}^{H/2}\int_0^{2\pi} (z^2+r^2\cos^2\theta)\rho r d\theta dz dr$$

Note 22.4. 慣性モーメントに関する定理

Note 22.3. では，重心を通る回転軸に関する慣性モーメント I_G を挙げてある．この回転軸に対して平行に，距離 h だけ移動したところに別の回転軸を新しく設けるとする．この新しい回転軸に関する慣性モーメント I は $I = I_G + Mh^2$ で計算できる．このことを**平行軸の定理**と呼ぶ．

平板状の剛体について，板面に含まれるように x 軸と y 軸をとり，板に垂直に z 軸をとる．各軸に関する慣性モーメントを I_x, I_y, I_z とすると，これらの間に，$I_z = I_x + I_y$ の関係がある．このことを**平面図形の定理**と呼ぶ．

これらの定理より軸を変えた慣性モーメントを簡単に求めることができる．

リングの慣性モーメント(1)

問1. 半径 R [m], 質量 M [kg]の細いリングが図1のように細いスポークで支えられて, 中心軸のまわりで角速度 ω [rad/s]で回転している.（Note 22.1.の質点と同じ質量の物体を加工してリングを作ったとみなせばよい. スポークの質量は無視する.）

(1) 回転するリングの各部分の速さ v [m/s]を求めよ.

(2) リングの運動エネルギーを $T=\dfrac{1}{2}I\omega^2$ [J]の形に表わすとする. I を求めよ.

(3) リングの角運動量を $L=I\omega$ [J·s]の形に表わすとする. I を求めよ.

(4) 細いアルミニウム棒を曲げて半径 15 cm のリングを作った. 質量は 120 g であった. これが1秒に5回転しているときの運動エネルギーを求めよ.

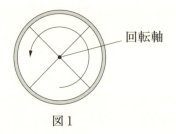

図1

テーマ22 剛体の慣性モーメント

リングの慣性モーメント(2)

問2. 前問と同じ半径 R [m], 質量 M [kg] の細いリングが図2のようにリングの中心と円周を通る回転軸のまわりで回転する場合の慣性モーメントは $I = \dfrac{1}{2}MR^2$ である.

(1) 角速度 ω [rad/s] のときの運動エネルギー T と角運動量 L を R, M, ω で表わせ.

(2) 慣性モーメントが問1の場合よりも小さい理由を定性的に説明せよ.

(3) 前問(4)と同じリングで,回転軸を図2のように変えて,前問(4)と同じエネルギーとするには,1秒当りの回転数をいくらにすればよいか.

図2

棒の慣性モーメント

問3. 長さ a [m], 質量 M [kg]の一様な棒 OA がある. 図3のように, この一端 O を通り, 棒に垂直な回転軸の周りの慣性モーメントを求めよ. 棒に沿って x 軸をとる. 計算には, 棒材料の線密度 $\lambda = \dfrac{M}{a}$ [kg/m]を使うと計算しやすい.

(1) 回転軸から x [m]で長さ dx [m]の部分の微小慣性モーメント dI [kg·m²]を求めよ.

(2) 上の dI を積分して, 棒全体の慣性モーメント I [kg·m²]を求めよ.

(3) 回転軸を重心に移した場合の慣性モーメント I_G [kg·m²]を求めよ.

(4) 質量 300 g で長さ 40 cm の棒を空中へ投げ上げたところ, 棒は毎秒2回転しながら飛んだ. この棒の回転の運動エネルギーと角運動量の大きさを求めよ.
(回転中心はどこか, 回転状況に何か変化が起こるか, 実験で確かめること)

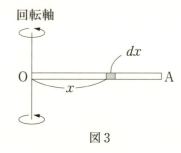

図3

テーマ22　剛体の慣性モーメント

円板の慣性モーメント

問4. 半径 R [m]，質量 M [kg]の一様な円板がある．この中心(重心)を通り，円板に垂直な回転軸(図4)の周りの慣性モーメントを求めよ．円板は微小リングの集まりとみなせる．円板材料の面積密度 $\sigma = \dfrac{M}{\pi R^2}$ [kg/m²]を使うと計算しやすい．

(1) 円板の中心から半径 r [m]で微小幅 dr [m]の細いリング(図4)の微小慣性モーメント dI [kg·m²]を求めよ．

(2) 上の dI を積分して，円板の慣性モーメント I [kg·m²]を求めよ．

(3) 上の(2)の結果は円板を円柱としても成り立つことを説明せよ．

(4) 半径25 cmで質量2.0 kgの円板が水平な床面上を転がっている．回転軸は水平に保たれ，重心の速さは4.0 m/sである．円板の全運動エネルギーおよび角運動量の大きさを求めよ．

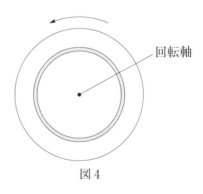

図4

円環の慣性モーメント

問5. 内側の半径 R_1 [m],外側の半径 R_2 [m],質量 M [kg]の一様な厚さの円環を考える.この中心(重心)を通り,環の円面に垂直な回転軸(図5)のまわりの慣性モーメントは $I=\dfrac{1}{2}M(R_1^2+R_2^2)$ であることを示せ(Note 22.3.(c)).

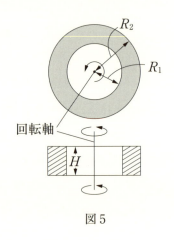

図5

テーマ22 剛体の慣性モーメント

リングの慣性モーメントの計算法

問6. 問2のリングの慣性モーメントが $I=\dfrac{1}{2}MR^2$ であることを次の2通りの計算によって示せ．リングの線密度 $\lambda=M/2\pi R\,[\mathrm{kg/m}]$ を使うと計算しやすい．

(1) $I=\displaystyle\int_{リング}r^2 dm$ を実行する方法で（図6はヒントである）

(2) 平面図形の定理を利用して

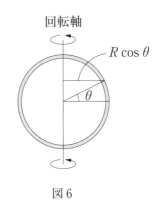

図6

テーマ23　剛体の運動

実用上の問題では，回転軸が決まっている剛体の運動をあつかうことが多い．この場合，時刻 t [s]での剛体の「位置」は**角度** $\theta(t)$ [rad]で表わされる．この時間変化率が**角速度** $\omega(t) = \dfrac{d\theta}{dt}$ [rad/s]である．さらに**角加速度** $\alpha(t) = \dfrac{d\omega}{dt} = \dfrac{d^2\theta}{dt^2}$ [rad/s²]が基本的な役割を果たす．角度 $\theta(t)$ は，質点の1次元運動の $x(t)$ と比較しやすい形になる．

ここでは，おもに固定軸のまわりで起こる回転や振動について調べよう．さいわいなことに，多くの実際問題がこのような運動になっている．

Note 23.1.　固定軸を持つ剛体の運動方程式

次の2つの運動方程式で共通点と相違点をくらべよう．

質点の1次元運動では，**運動量の変化率＝力**

$$\frac{dp_x}{dt} = F_x, \quad p_x = m\frac{dx}{dt} \text{（運動量の定義）} \quad \text{ひとつにまとめて，} \quad m\frac{d^2x}{dt^2} = F_x$$

固定軸を持つ剛体では，**角運動量の変化率＝力のモーメント**

$$\frac{dL}{dt} = N, \quad L = I\frac{d\theta}{dt} \text{（角運動量の定義）} \quad \text{ひとつにまとめて，} \quad I\frac{d^2\theta}{dt^2} = N$$

Note 23.2.　剛体の運動，いろいろ

惑星のように，空間で自由に回転しながら運動する剛体では，質点としての重心の運動（公転）と剛体としての回転運動（自転）は別の話になる．

水平な床の上で，軸を振りながら回転するコマでは，床からコマへの接触力と重力の2つの力があり，重心の運動と回転運動が切り離せない．

テーブルの上でユデ卵をまわしてみよう．はじめ横向きにして回しても，やがて立ち上がって鉛直軸のまわりに安定にまわり続ける．この途中で，剛体卵自体が回転軸を選び直すようすを観察できる．

剛体の運動方程式は重心の運動方程式と回転の運動方程式の計6個の連立方程式になる．上の運動の例はすべて方程式に従っているが，解くのは難しい．

まず，簡単な場合から始めよう．それでも新しいことを多く学べる．

テーマ 23　剛体の運動

直線運動と回転運動

問 1. 次の(1)は自由に動ける質点の直線運動であり，(2)はある固定軸のまわりに自由に回転できる剛体の回転運動である．比較して解き，解いて比較しよう．

(1)　質量 $m=10\,\mathrm{kg}$ の静止していた質点に，一定の力 $F=100\,\mathrm{N}$ が作用し続けるとする．この質点は 5 秒間で何 m 移動するか．

(2)　固定軸のまわりの慣性モーメント $I=10\,\mathrm{kg\cdot m^2}$ の静止していた剛体に一定の力のモーメント $N=100\,\mathrm{N\cdot m}$ が作用し続けるとする．この剛体は 5 秒間で何回転するか．

円筒の回転

問2. 半径 20 cm の円筒が水平な中心軸の周りで回転できるようになっている．この円筒の円周上に糸を巻きつけておき，水平方向に 1.5 N の力で引きながら，糸をほどいてゆくとする（図1）．円筒と回転軸の部分を合わせた慣性モーメントを 0.60 kg·m² とする．円筒が静止している状態から糸を引き始めると，円筒はどのような運動を行うか．糸を引き始めた時刻を $t=0$，その後の回転角を θ とする．

(1) 円筒の運動方程式を書き，角加速度 $\dfrac{d^2\theta}{dt^2}$ を求めよ．

(2) 時刻 t での円筒の角速度 $\dfrac{d\theta}{dt}$ および回転角 $\theta(t)$ を求めよ．

(3) 長さ 10 m 引いたところで，巻いてあった糸がなくなり，その後，円筒は定速回転を行うとする．糸から円筒への力のモーメントはその直前まで変わらないとする．このときの角速度および回転の運動エネルギーを求めよ．

(4) 糸を引く力が行う仕事を求め，(3)の運動エネルギーとの関係を説明せよ．

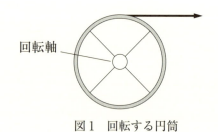

図1　回転する円筒

テーマ 23　剛体の運動

剛体振り子

問 3． 半径 $R=20\,\text{cm}$ で質量 $M=2.0\,\text{kg}$ の一様な円板のふちに図 2 のように板に垂直に回転軸をつけ，この軸を水平に保って，円板を鉛直面内で振動させるとする．重心のまわりの円板の慣性モーメントは $I_G=\dfrac{1}{2}MR^2\,[\text{kg}\cdot\text{m}^2]$ である．

(1) 図の回転軸での円板の慣性モーメントを求めよ．平行軸の定理が使える．

(2) 振れ角が θ のとき，重力による力のモーメントを求めよ．

(3) θ を使って運動方程式を書き，振幅が小さいときの振動の周期を求めよ．

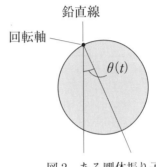

図 2　ある剛体振り子

重力加速度 g を測る振子(ボルダの振り子)

問 4. 長さ a [m]の針金の一端に半径 R [m],質量 M [kg]の球(重心のまわりの慣性モーメントは $I_G = \frac{2}{5}MR^2$)をつけ,他端を適当な支持具(支点)で受けて図3の振子をつくる.これを剛体とみなす.振れ角を $\theta(t)$ で表わす.

(1) 図の支点のまわりの慣性モーメント I を求めよ.支持具と針金の質量は無視してよい.平行軸の定理が使える.

(2) 振り子の運動方程式が,$I\dfrac{d^2\theta}{dt^2} = -Mg(a+R)\sin\theta$ であることを説明せよ.

(3) 振幅が小さく $\sin\theta \fallingdotseq \theta$ であるとき,a,R および周期 T [s]を測定すれば,重力の加速度の値が $g = \dfrac{4\pi^2(a+R)}{T^2}\left\{1 + \dfrac{2R^2}{5(a+R)^2}\right\}$ で得られることを示せ.

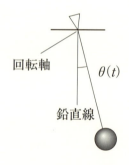

図3 ボルダの振り子

テーマ 23 剛体の運動

棒の回転

問 5. 長さ a [m] で質量 M [kg] の一様な棒の一端が水平な回転軸にとりつけられ，鉛直面内で回転できるようになっている．図 4 のように棒が回転軸の真上にある状態から静かに回転を始めるとする．

(1) 棒が回転軸の真下を通過するときの角速度を求めよ．

(2) 上の(1)のとき，回転軸から棒に作用する力を求めよ．

図 4　回転する棒

斜面を転がる球

問6. 質量 M [kg]で半径 R [m]の球 $\left(I_G = \dfrac{2}{5}MR^2\right)$ が図5のように傾き α [rad]の斜面を滑らずに転がる場合を考えよう．図のような座標軸で，球の重心の位置 $x(t)$ を表わす．重心ははじめ $x=0$ に止まっており，$t=0$ に運動が始まるとする．回転運動は回転角 $\theta(t)$ [rad]で表わす．はじめの位置で $\theta=0$ とする．

(1) 球以外から球に作用するすべての力を図に記入せよ．

(2) 球の重心の運動方程式 $\left(\text{加速度}\dfrac{d^2x}{dt^2}\text{についての方程式}\right)$ を書け．

(3) 球の回転の運動方程式 $\left(\text{角加速度}\dfrac{d^2\theta}{dt^2}\text{についての方程式}\right)$ を書け．

(4) 「滑らずに転がる」場合は $x=R\theta$ の関係があることに留意し，(2), (3)の連立方程式から，$\dfrac{d^2x}{dt^2}=\dfrac{5}{7}g\sin\alpha$ が得られることを示せ．

(5) $x(t)$, $\theta(t)$ および斜面から球に作用する摩擦力の大きさを求めよ．

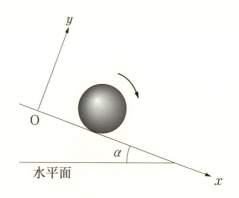

図5 斜面を転がる球

テーマ24　運動座標系と見かけの力

　地球をまわる宇宙ステーションからの「無重量」映像を見たことがあるだろう．急停車した車内などで思いがけない姿勢をとらされたこともあるかも知れない．これらを**見かけの力のしわざ**と考えることができる．

　これまでは，座標軸を何か動かないものに固定してきた．動いていると知っていても，その影響を問わずにきた．まずは，基準として差し支えのない座標系を選んで，力と運動の話を進めてきた．運動方程式　質量×加速度＝**力**　の右辺にはいつでも**実在の力**を書いた．実在の力とは，万有引力や接触力（根源は電磁気力）などで，何かの力の源があって作用しあう力である．実在の力だけをもとに，現象を正しく説明できる座標系を**慣性系**と呼ぶ．以下，S系とも呼ぼう．

　動く座標軸を使うとどうなるだろうか．ここで考えるのは，**慣性系に対して加速度を持つ座標系**である．その座標系で物体の運動を観測すると，実在の力がなくても物体が力を受けているように見える．この力を**見かけの力**または**慣性力**と呼ぶ．見かけの力が現われる座標系を**非慣性系**と呼ぶ．以下，S′系とも呼ぼう．

　運動の第1法則（慣性の法則）は**慣性系の存在の主張**である．選んだ座標系が慣性系であるか否かは**実験で判断**する．現在，太陽系の重心を原点とし，恒星系に対して回転しない座標系が慣性系と認められている．

　見かけの力の代表は回転する座標系に現われる**遠心力**である．台風に渦を巻かせる**コリオリ力**も自転する地球の表面に現われる見かけの力である．

Note 24.1.　平行移動する座標系での見かけの力

　ある慣性系に対し，等速で平行移動するだけの座標系はやはり慣性系である．お互いの間に加速度がないときは見かけの力は現われない．慣性系は無数にある．

　ひとつの慣性系（S系）に対し，加速度 a [m/s²] で平行移動している座標系（S′系）では，質量 m [kg] の物体は $-ma$ [N] の力を受けているように見える．実在の力 F [N] はS系でもS′系でも同じである．ある物体にS系で F [N] の力が作用しているなら，S′系では $F-ma$ [N] の力が作用しているとみなせる．この場合，$-ma$ [N] が見かけの力である．

165

Note 24.2. 回転する座標系での見かけの力

ひとつの慣性系(S系)に対して回転している座標系(S′系)には2種類の見かけの力,**遠心力**と**コリオリ力**,が現われる.今,S系とS′系は共通のz軸を持ち,S系に対してS′系が角速度ω [rad/s]で左まわりに回転しているとする.

遠心力:S′系で,原点からr [m]のどこか1点(たとえば,$x'=r$, $y'=0$)に質量m [kg]の質点が静止しているとする.S系では,この質点は等速円運動をしているので,大きさが$mr\omega^2$ [N]に等しい実在の力(たとえば,万有引力)による向心力を受けている.S′系で質点が静止しているのは,実在の向心力につり合う見かけの力が現われるから,と考える.この見かけの力を遠心力と呼ぶ.遠心力の大きさは$mr\omega^2$ [N]である.

コリオリ力:S系で直進する質点の軌道(たとえば,$x=0$, $y=bt$)をS′系に移すと,右へ曲がる軌道となる.S′系には進行方向を右へ逸らせるような見かけの力が現われるから,と考える.この見かけの力をコリオリ力と呼ぶ.

Note 24.3. 潮の満ち干き

潮の干満は主に月からの重力によって起こる.月が真上にあるとき,満潮になる(A側).月から海水に作用する重力は図(a)の通りで,地球の裏側(B側)では干潮になりそうだ.実際には,B側も同時に満潮になる.なぜだろうか.

地球と月は,両者の重心(地球の重心から約4600 km月側にある)の周りで周期約27日で公転している.海水はこの公転運動による遠心力も受ける.遠心力は,図(b)のように,A側とB側で同じである.図(a)の力と図(b)の力の合力を図(c)に示す.合力の大きさはB側とA側で同じ値になることがわかる.

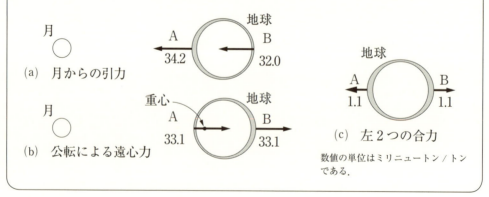

(a) 月からの引力
(b) 公転による遠心力
(c) 左2つの合力

数値の単位はミリニュートン/トンである.

テーマ24　運動座標系と見かけの力

見かけの力，鉛直方向

問1. バネばかりとおもりを使ってエレベータの運動のようすを調べた．止まっているエレベータ内ではかったおもりの質量は1.20 kgであった．鉛直上向きを正とするz軸（S系）を使うとする．

(1)　エレベータをスタートさせると，はかりの目盛りは1.31 kgを指した．エレベータの加速度を求めよ．

(2)　まもなく，はかりの目盛りは1.20 kgに戻った．エレベータはどのような状態にあるか．

(3)　さらにしばらくたつと，はかりの目盛りは1.04 kgを指した．このとき，エレベータはどのような状態にあるか．

見かけの力，水平方向

問2. 振り子を使って電車の加速度を測ってみよう．質量100g程度のおもりに糸をつけ，車内の適当なところに，おもりの重心までの長さがちょうど1.00mになるようにつるす．x軸とy軸を描いた方眼紙を用意し，停車時に静止しているおもりの真下に原点があり，電車の進む方向がx軸の正の方向となるように固定する(S′系の設定，以下ではこれをx'軸，y'軸とする.)．電車が水平な直線軌道上を等速で静かに走り続けるならば，おもりはこの原点の真上にあると期待できる．

(1) 電車が一定の加速度で動き始めると振り子はどうなるか．

(2) おもりの平均位置が$(x', y') = (-5, 0)$cmにあるとする．加速度を求めよ．

(3) おもりの平均位置が$(x', y') = (0, 3)$cmにあるとする．加速度を求めよ．

(4) おもりの平均位置が$(x', y') = (10, 0)$cmにあるとする．加速度を求めよ．

(5) 実際には，電車の横揺れのため，おもりは左右に振れる．この影響を少なくして進行方向の加速度の測定精度を上げる方法を提案せよ．

テーマ 24　運動座標系と見かけの力

無重量感状態

問3. 質量 m [kg]の宇宙ステーションが質量 M [kg]の地球のまわりで半径 r [m]で角速度 ω [rad/s]の円運動をしている．これと独立に，宇宙ステーション内の空間で，質量 m_A [kg]の物体 A が同じ条件で運動しているとする．（Note 24.2. の遠心力の話をこの例で確認する）

⑴　宇宙ステーションおよび物体 A に作用する実在の力は何か．

⑵　地球に固定した座標系(S系)で宇宙ステーションおよび物体 A の運動方程式を書け．

⑶　宇宙ステーションに固定した座標系(S′系)で，宇宙ステーション自体および物体 A の運動方程式を書け．S′系で $x'=r$ の位置に宇宙ステーションと物体 A があるとする．

⑷　宇宙ステーション内の力学的環境について，S系とS′系での考え方の違いを説明せよ．

遠心力

問 4. 遠心力について，次の各問に答えよ．質点が回転座標系 (S'系) に静止しているとして計算しよう．

(1) 半径 $r=400$ m の円形カーブになっている軌道を電車が速さ $v=20$ m/s で通過するとき，体重 $m=60$ kg の乗客が感じる遠心力の大きさ F [N] を求めよ．

(2) 半径 $r=20$ cm の円筒容器を中心軸のまわりに回転させる．円筒内壁での遠心力の大きさを重力の大きさの 100 倍にするために必要な角速度 ω [rad/s] および 1 秒あたりの回転数 f [回転/s] を求めよ．

(3) 赤道上の物体について，遠心力の大きさと重力の大きさの比を求めよ．地球は半径 $R=6.4\times10^6$ m の球とする．

(4) 図のような回転ブランコが半径 $r=10$ m の水平な円周上を周期 $T=10$ s で回転している．椅子をつるすワイヤーの傾き角 θ およびワイヤーにかかる力の大きさ F [N] を求めよ．人と椅子の合計質量を $m=60$ kg とする．

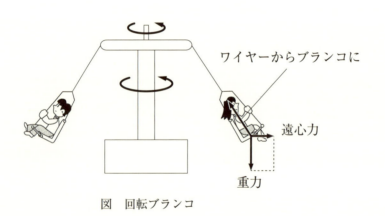

図　回転ブランコ

テーマ 24 運動座標系と見かけの力

衛星軌道の見え方とコリオリ力

問 5. 北極点と南極点の上空を通る円軌道をちょうど 1 日で 1 周する人工衛星があるとする．この円軌道は地球の自転とは関係なく，宇宙空間で回転面の向きを変えない．この衛星が午前 0 時に経度 0° の線に沿って北極上空を通過するとしよう．地球からこの衛星の軌道を観測するとどう見えるだろうか．衛星の位置を地球の緯度と経度で表わし，地球儀の上にその位置をマークして考えよう．地球の公転の効果は無視してよい．

(1) 午前 1 時での緯度と経度を求めよ．

(2) 赤道を通過する時刻とそのときの経度および赤道上空を横切る角度を求めよ．

(3) 北半球での軌道の曲がりを見かけの力 (コリオリ力) の立場から説明せよ．

(4) 衛星が南半球を通過するとき，みかけの力はどうなるか．

図 コリオリ力とは

フーコーの振り子*

問6. 世界各地の博物館などで，フーコーの振り子と呼ばれる建物数階分の長さの振り子が振らされている．このような周期の長い振り子では，振動面が少しずつ回転するようすが観測される．地球の自転で現われるコリオリ力の効果が示されている．

(1) 普通の振り子の真下に，中心を合わせて回転円盤を置き，振り子が1周期振れる間に円盤が左回りでちょうど1回転するように装置を調節する．円盤に白紙を置き，振り子がちょうど中心を通過するときにおもりからインクの滴下が始まるとする．円盤が1回転する間に，どのような図形が描かれるか．

(2) 北極点でフーコーの振り子を振らせるとする．地球に固定した座標系で，おもりに作用する見かけの力の性質を議論せよ．同じ振り子を南極点で振らせるとどうなるか．

テーマ24　運動座標系と見かけの力

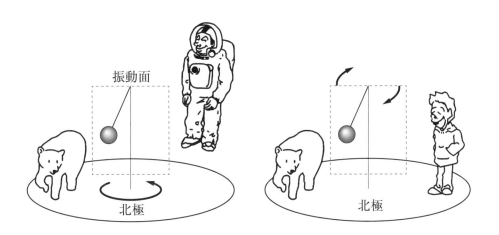

図　フーコーの振り子

Note17.2. 力学的エネルギー保存則を経て運動の解へ（つづき）

　運動方程式から力学的エネルギー保存則を経由するルートで運動を調べる．

　簡単のため，時間微分を・（ドット）で表わす．速度 $\dot{z}=\dfrac{dz}{dt}$，加速度 $\ddot{z}=\dfrac{d^2z}{dt^2}$ 等である．

	放物運動（1次元の場合）	単振動（1次元の場合）
運動方程式	$m\ddot{z}=-mg$	$m\ddot{x}=-kx$
速度をかける	$m\ddot{z}\dot{z}=-mg\dot{z}$	$m\ddot{x}\dot{x}=-kx\dot{x}$
両辺を t で積分する	$\int m\ddot{z}\dot{z}dt=-\int mg\dot{z}dt$	$\int m\ddot{x}\dot{x}dt=-\int kx\dot{x}dt$
結果*	$\dfrac{m\dot{z}^2}{2}=-mgz+E^*$	$\dfrac{m\dot{x}^2}{2}=-\dfrac{kx^2}{2}+E^*$
U の関数形	$U=mgz$	$U=\dfrac{kx^2}{2}$
$T+U=E$ の形	$\dfrac{mv^2}{2}+mgz=E$	$\dfrac{mv^2}{2}+\dfrac{kx^2}{2}=E$
$v=\cdots$ の形	$\dot{z}=\sqrt{\dfrac{2E}{m}-2gz}$	$\dot{x}=\sqrt{\dfrac{2E}{m}-\dfrac{kx^2}{m}}$
変数分離形	$\dfrac{dz}{\sqrt{\dfrac{2E}{m}-2gz}}=dt$	$\dfrac{dx}{\sqrt{\dfrac{2E}{m}-\dfrac{kx^2}{m}}}=dt$
両辺を積分する	$\int\dfrac{dz}{\sqrt{\dfrac{2E}{m}-2gz}}=\int dt$	$\int\dfrac{dx}{\sqrt{\dfrac{2E}{m}-\dfrac{kx^2}{m}}}=\int dt$
結果*	$-\dfrac{\sqrt{\dfrac{2E}{m}-2gz}}{g}=t-t_0{}^*$	$\sqrt{\dfrac{m}{k}}\sin^{-1}\dfrac{x}{\sqrt{\dfrac{2E}{k}}}=t-t_0{}^*$
運動の解　座標	$z=\dfrac{E}{mg}-\dfrac{g(t-t_0)^2}{2}$	$x=\sqrt{\dfrac{2E}{k}}\sin\left[\sqrt{\dfrac{k}{m}}(t-t_0)\right]$
改めて　　速度	$\dot{z}=-g(t-t_0)$	$\dot{x}=\sqrt{\dfrac{2E}{m}}\cos\left[\sqrt{\dfrac{k}{m}}(t-t_0)\right]$

＊数学的には，E と t_0 は**積分定数**．物理的には，E は**全エネルギー**，t_0 は**基準時刻**である．

| 各場合の**別法**
（最初はこう行う） | 加速度を直接積分して
$\dot{z}=-gt+c_1$
$z=-\dfrac{gt^2}{2}+c_1t+c_2$
$c_1,\ c_2$ を初期条件で決める．
（テーマ 8, 9, 11） | $x=c\sin(\omega t+\alpha)$　または
$x=A\sin(\omega t)+B\cos(\omega t)$ とおいて
方程式に代入し，$\omega=\sqrt{\dfrac{k}{m}}$ を決め，
$c,\ \alpha$ または $A,\ B$ を初期条件から決める．（テーマ 12） |

174

テーマ 17　力学的エネルギー保存則とその応用（つづき）

　　運動エネルギー　$T=\dfrac{mv^2}{2}$　の形は運動方程式の左辺の時間での積分からくる．どの場合も同じ形になる．ポテンシャルエネルギー U の形は運動方程式の右辺 $\boldsymbol{F}$ の関数の座標での積分からくる．問題ごとに異なる．

	万有引力（3 次元の場合）	**一般式（3 次元の場合）**
運動方程式	$m\ddot{\boldsymbol{r}}=-\dfrac{GMm\boldsymbol{r}}{r^3}$	$m\ddot{\boldsymbol{r}}=\boldsymbol{F}$
速度をかける	$m\dot{\boldsymbol{r}}\cdot\ddot{\boldsymbol{r}}=-\dfrac{GMm\boldsymbol{r}\cdot\dot{\boldsymbol{r}}}{r^3}$	$m\dot{\boldsymbol{r}}\cdot\ddot{\boldsymbol{r}}=\boldsymbol{F}\cdot\dot{\boldsymbol{r}}$
両辺を t で積分する	$\displaystyle\int m\dot{\boldsymbol{r}}\cdot\ddot{\boldsymbol{r}}dt=-\int\dfrac{GMm\boldsymbol{r}\cdot\dot{\boldsymbol{r}}}{r^3}\,dt$	$\displaystyle\int m\dot{\boldsymbol{r}}\cdot\ddot{\boldsymbol{r}}dt=\int\boldsymbol{F}\cdot\dot{\boldsymbol{r}}dt$
結果*	$m\dfrac{\dot{\boldsymbol{r}}^2}{2}=\dfrac{GMm}{r}+E^*$	$m\dfrac{\dot{\boldsymbol{r}}^2}{2}=\int\boldsymbol{F}\cdot d\boldsymbol{r}+E^*$
U の関数形**	$U=-\dfrac{GMm}{r}$ **	$U=(\boldsymbol{F}\text{ から決まる関数})$ **
$T+U=E$ の形	$\dfrac{mv^2}{2}-\dfrac{GMm}{r}=E$	$\dfrac{mv^2}{2}+U=E$

　　　　　　　　　　　これ以降は各場合に適する方法による．

U を決める条件**	$dU=-dW=-\left(-\dfrac{GMm\boldsymbol{r}}{r^3}\right)\cdot d\boldsymbol{r}$	$dU=-dW=-\boldsymbol{F}\cdot d\boldsymbol{r}$ **
U と $\boldsymbol{F}$ の一般的関係**	$\boldsymbol{F}=-\left[\dfrac{\partial U}{\partial x}\boldsymbol{i}+\dfrac{\partial U}{\partial y}\boldsymbol{j}+\dfrac{\partial U}{\partial z}\boldsymbol{k}\right]$	

*数学的には，E は**積分定数**．物理的には，E は**全エネルギー**である．

**力 $\boldsymbol{F}$ による仕事　$dW=\boldsymbol{F}\cdot d\boldsymbol{r}$　は微小仕事 dW を定義する式で，どんな力 $\boldsymbol{F}$ についても書き下ろせる．こう書いた $\boldsymbol{F}\cdot d\boldsymbol{r}$ が，ある関数 $U(x,\ y,\ z)$ の全微分 dU（の符号を変えた式）として表わされる場合，つまり，$-\boldsymbol{F}\cdot d\boldsymbol{r}=dU$ の形に書き表わせる関数 U が見つけられる（存在する）とき，この関数 U を位置エネルギー，またはポテンシャルエネルギー U と呼ぶ．このとき，運動エネルギー T と位置エネルギー U の間に力学的エネルギー保存則 $T+U=E$ が成り立つので，このような力 $\boldsymbol{F}$ を保存力と呼ぶ．上に例として示したように，万有引力やバネの復元力などはこのような U があるので保存力である．これに対し，摩擦力や粘性による抵抗力などについては，このような U が存在しない．これらの力は非保存力と呼ばれている．

解答とヒント

テーマ1　ベクトル量とスカラー量

問1. 1秒あたりの位置の変化で考える．水は陸地に対し東向きに3.0 m，船は水に対し4.0 m進む．船の現在位置を基準にして，1秒後の船の位置を考え，現在位置との間を矢線で結ぶと合成された速度 v [m/s]となる．v の長さが速さ v [m/s]である．

(1) v は東向きで $v=7.0$ m/s．この答はすぐわかるが，v_2 がほとんど東向きのときの v_1, v_2, v で平行四辺形を描いてみるとベクトル量の合成方法として納得しやすい．

(2) v は西向きで $v=1.0$ m/s．(1)と同様で，v_2 をほとんど西向きとして平行四辺形を描いてみよう．

(3) v は東へ 3.0 m，北へ 4.0 m 進む向きになる．$v=5.0$ m/s．

(4) v は東へ 1.0 m，北へ 3.5 m($2\sqrt{3}$ m)進む向きになる．$v=3.6$ m/s．平行四辺形を正確に描こう．1秒あたりでは，v_2 は西へ 2.0 m，北へ 3.5 m の移動に相当する．

問2. (1) Note 1.3. および Note 1.4. 参照

(2) 3本の矢線の始点を一点に集めて考える．F_A と F_B を合成した力 F_A+F_B が重力 F_G とちょうど反対向きで大きさが等しくなるように描く．

(3) $F_A=49$ N，$F_B=85$ N($49\sqrt{3}$ N)

問3. (1) 大きさはどちらも 0.98 N　　鉛直線上で「地球からおもりに」と「糸Aからおもりに」の2つの力の矢線

(2) $F_A=1.13$ N，$F_B=0.57$ N　　糸の方向が力の方向となる．F_A と F_B を合成した力 F_A+F_B が重力 F_G とちょうど反対向きで大きさが等しくなるように描く．

(3) $F_A=0.98/\cos\theta$，$F_B=0.98\tan\theta$　　つり合いのようすは(2)と同じ．

問4. ここで，ベクトルとは何らかのベクトル量(力 F，速度 v など)を表わす矢線のことと考えよう．ベクトルの式から，対応する矢線の図を描く．または，図から式をつくる．

(1)〜(4) 順を追って考える．

(5) Y字形になる．問5に応用できる．始点を変えて3角形に描くこともできる．

問5. O点からのロープの方向が力の方向になる．力の作用点をO点に移して考える．A，Bからの力の合力 F_A+F_B がここでCからの力 F_C とつり合う．A，B，Cの質量

176

解答とヒント

の比だけで考えるのが簡単である.

(1) A，B，Cからのすべての力が同じなので，糸の間の角度は120°ずつになる.

(2) (1)に比べて，Cだけが少し重くなる．糸の形は(1)からどう変わるかを考える.

(3) 3，4，5の力の比でできる3つの矢線のつり合いの形を考える.

テーマ2　座標系とベクトル

問1. 例えば，$x=8$，$y=6$で試みる．Note 2.1. 参照．　座標軸を使って「向きと大きさ」を表わす方法を知ろう.

問2. 問1にならうこと．2つの位置 r_1 と r_2 を適当に離しておくと分かりやすい．数値をいろいろ変えて試みよう.

(2) 「平行四辺形による合成方法」そのものが自ずと現れる.

(3) r_2 の終点が s の始点になるように描く.

(4) ピタゴラスの定理を使う.

問3. 本文と Note 2.2. のスカラー積の定義をもとに計算し，説明する．この問題では座標系を使っていない.

問4. (1) 2次元の場合の考え方は Note 2.2. 参照　　3次元でも i，j，k は互いに直角をなすことを考えればよい．∴　$i \cdot i = 1$，$i \cdot j = 0$，$i \cdot k = 0$，⋯

(2) $r_1 \cdot r_2 = x_1 x_2 + y_1 y_2 + z_1 z_2$，スカラー積の基本公式を導く過程を確認しよう．3項×3項⇒9項の式展開を確実に進める．このうち，6項は消えることがわかる.

(3) $r_1 \cdot r_2 = 0$　　この場合，r_1 と r_2 の間は直角になっている．xy 平面上に r_1 と r_2 の x，y 成分までの位置ベクトルを描くと直角に近く見える．それらの先端を $z=1$ に上げると完全に直角になるとわかる.

問5. (1) $\theta = 75.7°$　　∴　$r_1 = 5$，$r_2 = 13$，　$r_1 \cdot r_2 = 65 \cos \theta = 16$，$\cos \theta = 16/65$

(2) $3x + 4y = 25$　　任意の位置ベクトルを $r = xi + yj$ として $r - r_0 = (x-3)i + (y-4)j$，$r - r_0$ と r_0 が直角をなすときは $r_0 \cdot (r - r_0) = 0$，この式を書き直す.

(3) $c = b - a$ の両辺を2乗する．a，b を位置ベクトル，c を変位ベクトルとみてよい.

テーマ3　運動の表わし方

問1. 問の目的は位置の表現法と距離の計算法である．順序通りに書いてゆく．この問を終われば，O，P，Q，R の各点間のすべての距離が計算できたことになる.

問2. 問の目的は，時刻 t [s]の関数として，運動と速度の表現法を知ることである.

(1) $t=0$ s, 100 s, 200 s, … での座標(x, y)を計算する. その点をつなぐ. 各点の脇に t の値を書くと運動のようすがわかりやすくなる.

(2) (1)より, 船は一定の速度で移動していることがわかる. この場合は1秒ごとの位置(x, y)の変化（変位）の数値はそのまま速度成分(v_x, v_y) [m/s]の数値とできる. これらの符号に注意しよう. これらの値から航路を進む速さv [m/s]もわかる. この段階で速度を表わす矢線は描ける.

(3) i, j と速度成分(v_x, v_y) [m/s]で速度ベクトルv [m/s]を表わす. 長さ [m]と速さ [m/s]は単位が違うので, v [m/s]を表わす矢線の長さv [m/s]は自由に決めてよい.

問3. (1) $v_x=2.6$ m/s$(\fallingdotseq 1.5\sqrt{3})$, $v_y=1.5$ m/s　　速度の向きと速さからその成分を計算する.

(2) $x(5)=13.0$ m, $y(5)=7.5$ m　　(1)の v_x, v_y で5秒間進んでこの位置へくる. 位置ベクトルの式は $r(5)=13.0\,i+7.5\,j$ [m]

(3) $s=6.4\,i+6.4\,j$ [m]　　風速$v=2.1\,i+2.1\,j$ [m/s]で3秒間移動する. $r(5)$の終点がsの始点になるように描く. $(2.1\fallingdotseq 3.0/\sqrt{2}, 6.4\fallingdotseq 9.0/\sqrt{2})$

(4) $r(8)=19.4\,i+13.9\,j$ [m]　　$r(5)+s$ を描く.

問4. (1) t, x, y の数表をつくる. 点の座標(x, y)をスムーズにつなげば放物線が現れる. この軌道上に t の値を記入すれば運動のようすが分かり易くなる.

(2) 物体は x 軸方向には毎秒同じ距離を移動している. 一方, y 軸方向の移動距離は一定ではない. 物体は軌道の接線方向に移動しているはずと考えてみれば, 速度ベクトルの大体のようすが描けそうである.

(3) $y=\dfrac{4}{3}x-\dfrac{1}{9}x^2$, t を消去するという. 標準形では $y=-\dfrac{1}{9}(x-6)^2+4$

テーマ4　速度と微分法

問1. この問題で, 微分法の考えを十分に理解しよう. Δt と dt の違いに注意すること.

(1) t と x の数表を作って描く. それ以外の方法はない. それで必ずできる.

(2) 32.16 m/s　　問題の時間幅$\Delta t=0.1$ s の間にジェット機は$\Delta x=3.216$ m 進む. ごく短い時間内の平均速度とは何かを考える. $\Delta t=0.01$ sなら$\Delta x=0.32016$ m.

(3) 32 m/s　　(2)で時間幅Δt を極限的に短くする. Δt を短くすると, Δx も小さくなる. 一方, 比$\dfrac{\Delta x}{\Delta t}$ は瞬間速度と言える値に確定的に近づくはずである. 瞬間速度に収束するともいう. これが微分法の発想である.

(4) $v_x(t)=\dfrac{dx}{dt}=3.2\,t$ [m/s]　　微分公式を自分でつくることになる. この式からジェット機のスピードアップのようすを思い浮かべよう.

解答とヒント

⑸　速度ベクトルは $\boldsymbol{v}=v_x(t)\,\boldsymbol{i}\,[\mathrm{m/s}]$　　　$t=5\,\mathrm{s}$ では，位置 $x(5)$ を始点として，速度 $v_x(5)$ を表わす矢線を描く．$t=10\,\mathrm{s}$ でも同様である．矢線のスケールは適当に選んでよいが，$v_x(5)$ と $v_x(10)$ の矢線の長さの比を正しく描くこと．

問2. 問1⑷と同じ方法で微分公式をつくる．瞬間速度の意味を考えること．公式を知っている人は，簡単に答をだせるが，ここはなぜその答になるか考える機会である．始めは t と $\varDelta t$ で式を書き，計算を進めた後に $\varDelta t \to 0$ とする．

問3. これ以降は微分公式で計算しよう．飛行機の位置から速度が計算できる．

⑴　適当な数表を作って描く．または，2次関数の標準型に書き直して描く．

⑵　位置 $x(t)$ を t で微分すると速度 $v_x(t)$ が得られる．

⑶　2つのグラフの横軸 t は共通であるが，縦軸は単位が違うことに注意しよう．2つを合わせて，どのようなイメージができるだろうか．

⑷　$20\,\mathrm{s}$，$800\,\mathrm{m}$　　⑶の2つのグラフを活かせて，この答を出そう．

⑸　速度ベクトルは $\boldsymbol{v}=v_x(t)\,\boldsymbol{i}\,[\mathrm{m/s}]$　　　$t=0\,\mathrm{s}$ では，位置 $x(0)$ を始点として，速度 $v_x(0)$ を表わす矢線を描く．$t=10\,\mathrm{s}$ でも同様である．$v_x(0)$ と $v_x(10)$ の矢線の長さの比を正しく描くこと．

問4. 縦軸は速度 $v_x\,[\mathrm{m/s}]$ である．グラフの意味を納得してから問題にかかる．

⑴　速度ゼロから出発し，10秒後に $v_x=30\,\mathrm{m/s}$ になる関数 $v_x(t)$ をつくる．

⑵　微分すれば⑴の関数 $v_x(t)$ になるようなもとの関数を求め $x(t)$ とする．先に問2で調べた**位置** $x(t)$ と**速度** $v_x(t)$ の関係を見直してみよう．（数学的には，ある導関数 $v_x(t)$ からもとの $x(t)$ を定めるこのような計算は**積分**とよばれる．まず，意味を知ろう．積分について本格的なことはテーマ8以降で扱う．）

⑶　3角形の面積を t と $v_x(t)$ で表わすことを考える．

⑷　図の t と v のグラフの下の面積を計算する．等速走行中（$10\,\mathrm{s}\leqq t\leqq 20\,\mathrm{s}$）の走行距離は長方形の面積 $[\mathrm{m}]$（＝速さ $[\mathrm{m/s}]$ ×時間 $[\mathrm{s}]$）となることは明らかである．加速中および減速中でも同じ考え方が成り立つ．

テーマ5　加速度

問1. 自動車の加速はごく日常的に経験する加速運動である．このイメージを加速度の数値に換えてみよう．微分法以前の考え方で，「加速度＝速度の変化量／変化にかけた時間」で計算できる．ここで，一様の意味に注意すること．

⑴　$a_x=0.6\,\mathrm{m/s^2}$　　　上の算法に従って，20秒間での速度の変化を1秒当りに換算する．

⑵　$t=0\,\mathrm{s}$ で $v_x=15\,\mathrm{m/s}$，$t=20\,\mathrm{s}$ で $v_x=27\,\mathrm{m/s}$ となる直線の式 $v_x(t)=at+b$ を

179

つくる．または，t 秒間での速度の変化量 $0.6\,t$ と時刻 $t=0\,\mathrm{s}$ での速度から，$v_x(t)\,[\mathrm{m/s}]$ がわかる．この $v_x(t)$ を t で微分すれば，(1)の加速度になることを確認しよう．

(3) (2)の直線の式をグラフにする．グラフの切片や傾きと直線の式との関係を確かめよう．傾きは加速度である．加速度は「速度の変化率」という定義と照らし合わせよう．

(4) 600 N　　この力は道路から自動車に作用する．力の大きさとその単位は Note 5.2. の運動方程式「質量×加速度＝力」で考えよう．この両辺はベクトル量である．

問2. 減速の場合でも同様に考える．初めの進行方向を正とするので，加速度は負になる．

(1) $a_x=-4\,\mathrm{m/s^2}$　　速度の**変化**とはいつでも　**終りの速度－初めの速度**である．

(2) $t=0\,\mathrm{s}$ で $v_x=20\,\mathrm{m/s}$，$t=5\,\mathrm{s}$ で $v_x=0\,\mathrm{m/s}$ となる直線の式 $v_x(t)=at+b$ をつくる．または，t 秒間での速度の変化量 $-4\,t$ と時刻 $t=0\,\mathrm{s}$ での速度から，$v_x(t)$ $[\mathrm{m/s}]$ がわかる．この $v_x(t)$ を t で微分すれば，(1)の加速度になることを確認しよう．

(3) (2)の直線の式をグラフにする．グラフの切片や傾きと直線の式との関係を確かめよう．傾きは加速度である．加速度は「速度の変化率」という定義と照らし合わせよう．

(4) 4000 N　　この力は道路から自動車に作用する．加速度の向きから力の向きが分かる．力の向きと速度の向きは逆になっていることに注意しよう．それゆえに減速する．

問3. 微分の方法を使って計算しよう．ジェット機の位置から速度，加速度が計算できる．

(1) $a_x=3.2\,\mathrm{m/s^2}$　　位置 x を時刻 t で微分すれば速度 v_x になる．v_x を t で微分すれば加速度 a_x になる．

(2) 速度ベクトルは $\boldsymbol{v}=v_x(t)\,\boldsymbol{i}\,[\mathrm{m/s}]$，加速度ベクトルは $\boldsymbol{a}=a_x(t)\,\boldsymbol{i}\,[\mathrm{m/s^2}]$ である．x 軸上で，$x(10)=160\,\mathrm{m}$ を始点とし，$v_x(10)=32\,\mathrm{m/s}$，$a_x(10)=3.2\,\mathrm{m/s^2}$ であることを示す矢線を描く．v_x，a_x はいずれも正の値なので正の向きの矢線となる．

(3) $a_x=-4\,\mathrm{m/s^2}$　　(1)と同様．

(4) ベクトル $\boldsymbol{v}$，$\boldsymbol{a}$ は(2)と同様である．x 軸上で，$x(10)=600\,\mathrm{m}$ を始点とし，$v_x(10)=40\,\mathrm{m/s}$，$a_x(10)=-4\,\mathrm{m/s^2}$ であることを示す矢線を描く．v_x は正の値なので正の向きの矢線となる．一方，a_x は負の値なので負の向きの矢線となる．

問4. 位置→速度→加速度→力の計算問題である．

解答とヒント

(1) $v_x = 400\,t\ [\mathrm{m/s}]$　　x を t で微分する.

(2) $a_x = 400\,\mathrm{m/s^2}$　　v_x を t で微分する.

(3) x 軸の正の向きに 60 N　　力の x 成分は正になる. 加速度の向きが力の向きになる. 結論的であるが, 手からボールに作用する力も一定と仮定していることにも注目しよう. この力はおよそ 6 kg の物体を手に持ったときに感じる重力と同じである.

(4) $x(0.10) = 2.0\,\mathrm{m}$, $v_x(0.10) = 40\,\mathrm{m/s}$　　時速に換算すると 144 km/h

問 5. 問 4 と同様に考える.

(1) $v_x = -8000\,t + 40\ [\mathrm{m/s}]$

(2) $a_x = -8000\,\mathrm{m/s^2}$

(3) x 軸の負の向きに 1200 N　　力の x 成分は負になる. 力の向きと速度の向きの関係について, 問 4 との違いに注意しよう.

(4) $t_1 = 0.0050\,\mathrm{s}$, $x(t_1) = 0.10\,\mathrm{m}$　　キャッチャーは手を 0.10 m (10 cm) 引いて受け止めた. このように短い時間と短い距離でボールを止めるために大きな力が必要となることに注目しよう. この力はおよそ 120 kg の物体に作用する重力に相当する.

問 6. 単振動でも問 4, 5 と同様に計算できる. 三角関数の微分は表紙裏の公式表で確認しよう.

(1) 周期 $T = 2\pi/\omega\ [\mathrm{s}]$, 振幅 $A\ [\mathrm{m}]$ の単振動となる.

(2) $v_x = -A\omega\sin\omega t\ [\mathrm{m/s}]$　　おもりが原点 O を通るとき $(x = 0\,\mathrm{m})$ 速さ $v\ [\mathrm{m/s}]$ は最大になる.

(3) $a_x = -A\omega^2\cos\omega t\ [\mathrm{m/s^2}]$　　x が $\pm A\ [\mathrm{m}]$ のとき加速度は大きさ $a\ [\mathrm{m/s^2}]$ が最大で原点 O の向きを向く.

テーマ 6　放物運動(1)

問 1. (1) t, z の数表をつくって描くこと.

(2) z を t で微分する. この意味を(1)のグラフの接線に関係づけて考えてみよう.

(3) v_z を t で微分する. 加速度の原因は何だろうか. 直観的な説明を試みること.

(4) 4.5 s, 44 m/s　　「地面につく」ことは今の式ではどう表わされるか.

問 2. (1), (2), (3)は問 1 の(1), (2), (3)と同様に行う.

(4) 2.04 s, 20.4 m　　「最高点に達する」ことは今の式ではどう表わされるか.

問 3. (1) t, x, z の 3 列の数表をつくって描く. t, z の列は問 1(1)と同じである.

(2) 位置 x, z を t で微分すると速度成分 v_x, v_z が得られる. $v_x(2)$, $v_z(2)$ の値を使っ

て $\boldsymbol{v}(2)$ の式を書き，図に描く．

(3) 速度成分 v_x, v_z を t で微分すると加速度成分 a_x, a_z が得られる．$a_x(2)$, $a_z(2)$ の値を使って $\boldsymbol{a}(2)$ の式を書き，図に描く．

(4) $4.5\,\mathrm{s}$, $\boldsymbol{v}=20\,\boldsymbol{i}-44\,\boldsymbol{k}\,[\mathrm{m/s}]$, $v=|\boldsymbol{v}|=48\,\mathrm{m/s}$　z 軸方向については，問 1 (4) とまったく同じになる．

(5) $66°$　　着地の瞬間の速度ベクトルの向きを考えよう．3 角関数を使うので，計算には電卓が必要である．

問 4. (1), (2), (3)は問 3 の(1), (2), (3)と同様に行う．

(4) $v(0)=36\,\mathrm{m/s}$, $\theta=34°$　　$t=0\,\mathrm{s}$ のときの速度成分（初速度成分）v_x, v_z から求める．角度は問 3 (5)と同じ方法で計算する．

(5) $x_1=61.2\,\mathrm{m}$, $z_1=20.4\,\mathrm{m}$　　鉛直方向の速度成分 v_z が 0 になる瞬間の座標を計算する．

問 5. 問 1 〜問 4 の中にある共通のことがらを探し出し，考え方と結論を整理してみよう．物理では「ものごとのなるべく簡単な見方を探している」と考えてみよう．

(1) 飛び方によらず，いつも同じと言える数字は…

(2) 質量 $[\mathrm{kg}]$×加速度 $[\mathrm{m/s^2}]$＝力 $[\mathrm{N}]$ を Note 1.4. に持ち込むと…

テーマ 7　円運動

問 1. (1) 実際に，扇を使って考えてみるとよろしい．例えば，1 rad を作ってみよう．2 rad も作れるが，3 rad は作れるかどうか分からない．

(2) $180°$ が $\pi(=3.14\cdots)\,\mathrm{rad}$ として換算する．

(3) $0.05\,\mathrm{rad}$, $2.9°$　　図を描くと，ラジアン単位の値がすぐわかる．それを度に換算する．

(4) 電卓を使って計算する．$\theta\,[\mathrm{rad}]$ をさらに小さくして計算してみよう．次の(5)の実例をつかめる．

(5) 扇の半径を 1 とし，その中にラジアン単位の角度 θ，および $\sin\theta$, $\cos\theta$ に相当する長さを想像する．扇の開きをだんだん小さくするとどうなるか．

(6) Note 7.2. の図で $t=1$ の場合の回転角を考えよう．また，扇を速く開いたり，ゆっくり開いたりして，ω, r, v のようすを考えよう．

問 2. (1) $0.15\,\mathrm{rad/s}$　　半径 $100\,\mathrm{m}$ で円弧の長さ $15\,\mathrm{m}$ の扇型を描いて考える．

(2) $2.91\times10^{-4}\,\mathrm{rad/s}$　　$2\pi\,\mathrm{rad}$ を回るのに何秒かかるか．

(3) $1.99\times10^{-7}\,\mathrm{rad/s}$　　$2\pi\,\mathrm{rad}$ を回るのに何秒かかるか．

(4) $4.4\times10^{16}\,\mathrm{rad/s}$　　1 秒あたりの回転数を rad に換算する．

解答とヒント

問3. (1) 三角関数の定義をもとに，時刻 t を横軸にして描く．周期は2秒．

(2) 上のグラフをもとに xy 平面に描く．x, y から t を消去した式も作ること．

(3) $v_x = \dfrac{dx}{dt}$, $v_y = \dfrac{dy}{dt}$ を計算する．速度ベクトル $\boldsymbol{v}$ の式は Note 7.2. の形になる．これらから速さ v を計算する．$\boldsymbol{v}$ の式については Note 3.1. も参考にすること．

(4) $a_x = \dfrac{dv_x}{dt}$, $a_y = \dfrac{dv_y}{dt}$ を計算する．加速度ベクトル $\boldsymbol{a}$ の式は Note 7.2. の形になる．これらから加速度の大きさ a を計算する．

(5) $t=0.5\,\text{s}$ および $t=1.5\,\text{s}$ のときの速度ベクトル $\boldsymbol{v}$，および加速度ベクトル $\boldsymbol{a}$ を計算し，軌道上に描く．$\boldsymbol{v}$ と $\boldsymbol{a}$ の向きを正しく描くこと．これらの長さ v と a は単位が異なるので適当に決めてよい．

問4. $v=r\omega$, $a=r\omega^2$ の2つが基本公式である．この2つから $a=v^2/r$ が得られる．これらの式を使い分ける．

(1) $250\,\text{m/s}$, $1.25\,\text{m/s}^2$

(2) $6.3\,\text{m/s}$, $3.9\,\text{m/s}^2$

(3) $463\,\text{m/s}$, $0.034\,\text{m/s}^2$

問5. (1) 半径 $1\,\text{m}$ の円周上を速さ $1\,\text{m/s}$ で回るので，$\omega=1\,\text{rad/s}$.

(2) $x=\cos t$, $y=\sin t$　　半径 $1\,\text{m}$ の円について，これらの式は三角関数 $\cos$, $\sin$ の定義そのものと考えてよい．任意の t でこの定義が成り立つとみなす．

(3) 位置ベクトル $\boldsymbol{r}$ と速度ベクトル $\boldsymbol{v}$ の間の角は直角なので，図の2つの三角形は合同である．$\boldsymbol{r}$ が作る三角形の辺 (x, y) と $\boldsymbol{v}$ が作る三角形の辺 (v_x, v_y) を較べると，$v_x=-\sin t$, $v_y=\cos t$ であることがわかる．この図で，速度成分 v_x は x 軸の負の向きを指すので $v_x=-\sin t$ とする（図で，$\sin t$ は正である）．

(4) 速度は位置の変化率（導関数）なので，$v_x=\dfrac{dx}{dt}=-\sin t$, $v_y=\dfrac{dy}{dt}=\cos t$. Note 4.2. を参照すること．三角関数の微分公式は普通は加法定理を使って導出される．同じ公式が円運動から直接に導出されていることに留意しよう．

テーマ8　運動の法則

運動方程式とは，「質量×加速度＝力」のこと．これを先ず言葉で覚えるのが確実である．

問1. 答は簡単にでる．方程式の内容を図に描いて説明する．加速度の向きと力の向きのイメージを一致させることが大切である．

(1) $20\,\text{N}$

(2) $10\,\text{m/s}^2$

(3) $15\,\text{N}$　　まず，加速度を計算する．

問2. Note 8.3. の①の考え方をする．位置 $x\,[\text{m}]$ を t で2回微分して x 軸方向の加速度 a_x

183

$[\mathrm{m/s^2}]$ を得る．質量 $m=2\,\mathrm{kg}$ をかけて x 軸方向の力 $F_x\,[\mathrm{N}]$ を得る．

(1) 力の作用なし．等速度運動である．

(2) $20\,\mathrm{N}$　　第2項以下は(1)と同じ等速度運動で，力には関係しない．

(3) $-19.6\,\mathrm{N}$　　第1項は等速度運動で，力には関係しない．

(4) $-1.97\sin(\pi t)\,[\mathrm{N}]$　　正の向きと負の向きが繰り返す．振動運動を起こす力となる．

問3. Note 8.3. の②の考え方をする．まず，運動方程式を書く．つぎにその方程式を解く．実際の手順を具体的に知ってゆこう．Note 8.4. にある新しい考え方によることになる．積分法を使い，かつ初期値までを決めた結論の式を下線で示す．

(1) 運動方程式は $ma_x=F_x$. ただし，これに加速度と速度の関係式 $a_x=\dfrac{dv_x}{dt}$，および速度と位置の関係式 $v_x=\dfrac{dx}{dt}$ の2つを書き添える必要がある．

(2) 運動方程式は $10\,a_x=100$，$\therefore a_x=10\,\mathrm{m/s^2}$，つまり，$\dfrac{dv_x}{dt}=10\,\mathrm{m/s^2}$，この式から v_x を求める．$\therefore v_x=\displaystyle\int 10\,dt=10\,t+c_1\,[\mathrm{m/s}]$，$t=0\,\mathrm{s}$ で $v_x=0\,\mathrm{m/s}$ なので $c_1=0$ $\mathrm{m/s}$，この問の結論は $\underline{v_x(t)=10\,t\,[\mathrm{m/s}]}$

(3) $v_x=10\,t\,[\mathrm{m/s}]$，つまり，$\dfrac{dx}{dt}=10\,t\,[\mathrm{m/s}]$，$\therefore x=\displaystyle\int 10\,t\,dt=5\,t^2+c_2\,[\mathrm{m}]$，$t=0\,\mathrm{s}$ で $x=0\,\mathrm{m}$ なので $c_2=0\,\mathrm{m}$，この問の結論は $\underline{x(t)=5\,t^2\,[\mathrm{m}]}$

問4. Note 8.3. の②の考え方をする．まず，運動方程式を書く．つぎにその方程式を解く．以下，問3とほとんど同じ手順になる．説明は簡単にする．

(1) 運動方程式は，$5\,a_x=-1$，ここで，$a_x=\dfrac{dv_x}{dt}$，$v_x=\dfrac{dx}{dt}$

(2) $a_x=\dfrac{dv_x}{dt}=-0.2\,\mathrm{m/s^2}$，$\therefore v_x=\displaystyle\int(-0.2)\,dt=-0.2\,t+c_1\,[\mathrm{m/s}]$，$t=0\,\mathrm{s}$ で $v_x=2.0\,\mathrm{m/s}$ なので $c_1=2.0\,\mathrm{m/s}$，この問の結論は $\underline{v_x(t)=-0.2\,t+2.0\,[\mathrm{m/s}]}$

(3) $v_x=\dfrac{dx}{dt}=-0.2\,t+2.0\,[\mathrm{m/s}]$，$\therefore x=\displaystyle\int(-0.2\,t+2.0)\,dt=-0.1\,t^2+2.0\,t+c_2\,[\mathrm{m}]$，$t=0\,\mathrm{s}$ で $x=0\,\mathrm{m}$ なので $c_2=0\,\mathrm{m}$，この問の結論は $\underline{x(t)=-0.1\,t^2+2.0\,t\,[\mathrm{m}]}$

(4) $v_x=0\,\mathrm{m/s}$ となるのは $t=10\,\mathrm{s}$ のとき，$x(10)=10\,\mathrm{m}$

問5. Note 8.3. の③の考え方をする．①，②の考え方も当てはめてみよう．

(1) $9800\,\mathrm{N}$　　重力とつり合う力

(2) $10400\,\mathrm{N}$　　まず，加速度を求める．重力との差 $600\,\mathrm{N}$ でエレベータが上向きに加速される．

(3) $9800\,\mathrm{N}$　　加速度ゼロなので，重力とつり合う力だけでよい．摩擦力はゼロと仮定している．

(4) $900\,\mathrm{N}$　　まず，加速度を求める．下向きの力がエレベータを止める．

解答とヒント

テーマ9　放物運動(2)

　テーマ6では放物運動の位置から加速度を得る方法(微分)を考えた．ここでは順序を反対にして加速度から位置を得る方法(積分)を考える．「質量×加速度＝力」からスタートするとそうなる．加速度成分は $a_x=\dfrac{dv_x}{dt}$ および $a_z=\dfrac{dv_z}{dt}$ と決まっているので，ここでは運動方程式を(a_x, a_z に代えて)最初から $\dfrac{dv_x}{dt}$, $\dfrac{dv_z}{dt}$ で書くことにする．これに速度成分の定義式 $v_x=\dfrac{dx}{dt}$, $v_z=\dfrac{dz}{dt}$ を添えることが必要である．以下の解答はだんだん簡単にしてゆく．最終的な座標の結論の式では $\dfrac{1}{2}g=4.9$ とする．

問1. (1)　$m\dfrac{dv_z}{dt}=-mg$,　$v_z=\dfrac{dz}{dt}$

(2)　両辺から質量 m がとれて，$\dfrac{dv_z}{dt}=-g$ [m/s²]，$\therefore$　$v_z=\displaystyle\int(-g)\,dt=-gt+C_z$ [m/s]，初速度はゼロなので $C_z=0$ m/s と選ぶ．結論は $v_z(t)=-gt$ [m/s]．

(3)　$v_z=\dfrac{dz}{dt}=-gt$ [m/s]　$\therefore$　$z=\displaystyle\int(-gt)\,dt=-\dfrac{1}{2}gt^2+D_z$ [m]，はじめの高さ 55 m なので $D_z=55$ m と選ぶ．結論は $z(t)=-4.9\,t^2+55$ [m]．

(4)　3.4 s,　$v_z(3.4)=-33$ m/s　　時刻は $z(t)=0$ より．

問2. (1)　$m\dfrac{dv_z}{dt}=-mg$,　$v_z=\dfrac{dz}{dt}$

(2)　両辺から質量 m がとれて，$\dfrac{dv_z}{dt}=-g$ [m/s²]，　$\therefore$　$v_z=\displaystyle\int(-g)\,dt=-gt+C_z$ [m/s]，初速度は 40 m/s なので $C_z=40$ m/s と選ぶ．結論は $v_z(t)=-gt+40$ [m/s]．

(3)　$v_z=\dfrac{dz}{dt}=-gt+40$ [m/s]　$\therefore$　$z=\displaystyle\int(-gt+40)\,dt=-\dfrac{1}{2}gt^2+40\,t+D_z$ [m]，はじめの高さ 3 m なので $D_z=3$ m と選ぶ．結論は $z(t)=-4.9\,t^2+40\,t+3$ [m]．

(4)　$t=4.08$ s,　$z(4.08)=84.6$ m　　時刻は $v_z(t)=0$ より．

問3. (1)　$m\dfrac{dv_z}{dt}=-mg$,　$m\dfrac{dv_x}{dt}=0$,　$v_z=\dfrac{dz}{dt}$,　$v_x=\dfrac{dx}{dt}$

(2)　水平方向では $\dfrac{dv_x}{dt}=0$，つまり速度成分が変化しないので $v_x=C_x$，初期条件から $C_x=5$ m/s と選ぶ．鉛直方向では問1と同じ状況になり，$v_z=\displaystyle\int(-g)\,dt=-gt+C_z$ [m/s]，初期条件から，$C_z=0$ m/s と選ぶ．結論は $v_x(t)=5$ [m/s]，$v_z(t)=-gt$ [m/s]

(3)　水平方向では $v_x=\dfrac{dx}{dt}=5$ m/s,　$\therefore$　$x=\displaystyle\int5\,dt=5\,t+D_x$ [m]，初期条件から $D_x=0$ m と選ぶ．鉛直方向では問1と同じ状況になり，$z=\displaystyle\int(-gt)\,dt=-\dfrac{1}{2}gt^2+D_z$ [m]，初期条件から $D_z=20$ m と選ぶ．結論は $x(t)=5\,t$ [m]，$z(t)=-4.9\,t^2+20$ [m]

(4)　2.0 s,　$x=10$ m,　$\boldsymbol{v}=5\,\boldsymbol{i}-20\,\boldsymbol{k}$ [m/s]，$v=21$ m/s　　全体の図を描いて示す．

185

問 4. (1) $m\dfrac{dv_z}{dt}=-mg$, $m\dfrac{dv_y}{dt}=0$, $v_z=\dfrac{dz}{dt}$, $v_y=\dfrac{dy}{dt}$

(2) $v_y(0)=30\cos45°=21.2$ m/s, $v_z(0)=30\sin45°=21.2$ m/s 　　次の速度の初期条件となる.

(3) 水平方向では速度成分が変化しないので, $v_y=C_y=21.2$ m と選ぶ. 鉛直方向では問2と同じ状況になるので, $v_z=-gt+C_z$ [m], 初期条件から, $C_z=21.2$ m/s と選ぶ. 結論は $v_y(t)=21.2$ m/s, $v_z(t)=-gt+21.2$ [m/s]

(4) 上の $v_y(t)$, $v_z(t)$ を t で積分し, 積分定数に初期値を当てはめる.
$y=\displaystyle\int 21.2\,dt=21.2\,t+D_y$ [m], $z=\displaystyle\int(-gt+21.2)\,dt=-\dfrac{1}{2}gt^2+21.2\,t+D_z$ [m], 初期条件から $D_y=0$ m, $D_z=0.5$ m, 結論は $y(t)=21.2\,t$ [m], $z(t)=-4.9\,t^2+21.2\,t+0.5$ [m]

(5) 2.16 s, $(y,\ z)=(45.8,\ 23.4)$ m, $\boldsymbol{v}=21.2\,\boldsymbol{j}$ [m/s]

問 5. (1) $m\dfrac{dv_z}{dt}=-mg$, $m\dfrac{dv_x}{dt}=0$, $v_z=\dfrac{dz}{dt}$, $v_x=\dfrac{dx}{dt}$,

(2) $v_x=V_0\cos\alpha$, $v_z=V_0\sin\alpha-gt$, $x=V_0t\cos\alpha$, $z=V_0t\sin\alpha-\dfrac{1}{2}gt^2$

(3) $V_0=8.5$ m/s で約 1 秒後にシュートがきまる. リングの高さは 3.05 m, 選手が床から 1.85 m の高さでボールを手から放すとする. きめたい人は軌道を描いてみること.

テーマ 10　万有引力

問 1. (1) 0.082 m

(2) 9.8 N

(3) 0.102 kg

(4) 9.8×10^4 N/m²

(5) 約 6400 km

問 2. (1) 0.034 N 　　万有引力の法則で直接計算する.

(2) 3.4×10^{-6} 　　地球からの重力の大きさ 9800 N との比を計算する.

問 3. (1) $g=\dfrac{GM}{R^2}$ 　　地上にある質量 m [kg]の物体に地球全体から作用する力の大きさは $F=\dfrac{GMm}{R^2}$ [N]と表わされる. これが mg [N]になると考える.

(2) 6.0×10^{24} kg 　　R, G, g がわかっているので, M が計算できる.

問 4. (1) 質量 60 kg とすれば, 588 N

(2) 97 N 　　月面での $g_月$ を計算しておくとよい.

(3) 地球から約 34 万 km 　　月の引力と地球の引力がつり合う位置を求める.

問 5. このような計算にはラジアン単位の角度を使うのが便利である.

解答とヒント

(1) 2/6400＝0.00031 rad＝0.018°，9.3 cm　　間隔はこの角度 [rad] に 300 m をかける．

(2) 110 km　　まず，鉛直線どうしの角度を求めればよい．$\cos\theta＝6400/6401$

(3) 0.078 rad＝4.5°　　図を描くと 500/6400 rad であることがわかる．

テーマ11　運動方程式の使い方

問1. (1)〜(3)　テーマ6，9を復習し，Note 9.3. などを参考にしてまとめる．

(4)　任意の積分定数を指定された定数に書き換える．質点の速度と位置で示すと，

速度　$v_x＝0$ m/s，$v_y＝v_0\cos\theta$ [m/s]，$v_z＝v_0\sin\theta－gt$ [m/s]

位置　$x＝0$ m，$y＝v_0 t\cos\theta$ [m]，$z＝h+v_0 t\sin\theta－\dfrac{1}{2}gt^2$ [m]

問2. (1)　Note 11.1. 参照，重力 $\boldsymbol{F}_\mathrm{G}$ および2種類の接触力 $\boldsymbol{F}_\mathrm{f}$ と $\boldsymbol{N}$ がある．

(2)　重力の成分　$F_{Gx}＝mg\sin\alpha$，$F_{Gy}＝－mg\cos\alpha$

(3)　静止し続けるためには，x 軸方向および y 軸方向ともに合力がゼロであることが必要である．摩擦力 $\boldsymbol{F}_\mathrm{f}$ は斜面に平行な成分 $F_{\mathrm{f}x}$ のみ，垂直抗力 $\boldsymbol{N}$ は斜面に垂直な成分 N_y のみを持つとみなす．これらがつりあっているようすを式で表わせばよい．このうち y 軸方向のつりあいは自動的に満たされている．実務上で問題になるのは x 軸方向のつり合いである．

(4)　摩擦力を無視した運動方程式は $m\dfrac{dv_x}{dt}＝mg\sin\alpha$，$v_x＝\dfrac{dx}{dt}$　　これらの式で v_x [m/s] と x [m] が未知である．

(5)　v_x [m/s] と x [m] を積分で求め，積分定数を初期条件 $v_x(0)＝0$ と $x(0)＝0$ で決める．結論として運動の解は $v_x(t)＝gt\sin\alpha$ [m/s]，$x(t)＝\dfrac{1}{2}gt^2\sin\alpha$ [m]

問3. (1)　3.0×10^4 m/s　　$v＝R\omega$，ω は先にテーマ7問2(3)で計算してある．

(2)　5.9×10^{-3} m/s　　$a＝R\omega^2$，

(3)　3.6×10^{22} N　　$F＝mR\omega^2$，

(4)　2.0×10^{30} kg　　万有引力の法則を使う．

(5)　2.0×10^{-7} rad，3 mm　　直線運動からのずれは $s＝R(1-\cos\omega t)$ [m] である．ωt が小さい場合は $s≒\dfrac{1}{2}R(\omega t)^2$ [m] なので，$s≒\dfrac{1}{2}at^2$ [m] だけ太陽の方に落ちているといえる．

問4. (1)　この場合の運動方程式は

衛星の質量×衛星の円運動の加速度＝衛星と地球間の万有引力

(2)　1.67×10^7 m　　運動方程式から直接に決める．

(3)　まず，24時間で地球を一周させるために軌道の半径を 4.22×10^7 m とする．この距離で赤道上を回ることが必要である．

187

問 5. (1) 加速度 a_x と時間 t と力 F_x は先にテーマ5の問4と問5で計算した値を記入する．その他は記号欄の定義通りに計算する．符号に注意すること．

(2) 数値が同じになる組み合わせを見つけるだけでもよいが，運動方程式 $ma_x = F_x$ をもとに少し考えてみよう．たとえば，両辺に t をかけてみると，….

(3) 0.99 m　　速さ 40 m/s で 18 m 進む間の自由落下の距離である．

テーマ 12　単振動

問 1. (1) $T = 0.628$ s, $f = 1.59$ Hz, $\alpha = 0$ rad　　グラフで確認すること．

(2) $T = 0.2$ s, $f = 5$ Hz, $\alpha = 0$ rad

(3) $T = 0.2$ s, $f = 5$ Hz, $\alpha = 1.57$ rad

問 2. (1) 微分して直接に確認する．

(2) $\beta = \sqrt{K}$　　x を方程式に代入して係数を比較する．方程式から決まるのは振動数だけであり，振幅 C と初期位相 α はこの方法では決まらない．これらは別の条件で決める．

(3) たとえば，$t = 0$ での位置 x と速度 $\dfrac{dx}{dt}$ を（初期条件 $x(0)$ と $v_x(0)$ を）指定する．

(4) $A = C \cos\alpha$, $B = C \sin\alpha$, $C = \sqrt{A^2 + B^2}$, $\alpha = \tan^{-1}\dfrac{B}{A}$

問 3. (1) $y = 0.005$ m, $\theta \fallingdotseq 0.1$ rad で $1 - \cos\theta$ を計算する．

(2) $F_x \fallingdotseq -mg\dfrac{x}{L}$, $F_y \fallingdotseq 0$, $\dfrac{x}{L} = \sin\theta$, ここでは $L = 1$ m としている．

(3) $m\dfrac{d^2x}{dt^2} = -mg\dfrac{x}{L}$, y 軸方向の運動は無視する．

問 4. (1) 上問(2)と同じ　　上問はこの近似 $(F_y \fallingdotseq 0)$ を説得するためのものである．

(2) 上問(3)と同じ　　質量 m は関係なくなる．$\dfrac{d^2x}{dt^2} = -\dfrac{g}{L}x$ となる．

(3) $x = C\sin(\omega t + \alpha)$ を t で 2 回微分すると，$\dfrac{d^2x}{dt^2} = -\omega^2 C\sin(\beta t + \alpha) = -\omega^2 x$

(2)の式と比べて，角振動数 $\omega = \sqrt{\dfrac{g}{L}}$ [rad/s]であればよい．これより，$f = \dfrac{\omega}{2\pi}$ [Hz], $T = \dfrac{2\pi}{\omega} = 2\pi\sqrt{\dfrac{L}{g}}$ [s]

問 5. (1) $F_1 = mg$ [N], $F_2 = mg\tan\theta$ [N]

(2) $m(L\sin\theta)\omega^2 = mg\tan\theta$, $a = L\omega^2\sin\theta = g\tan\theta$ [m/s²]　　円運動の運動方程式 $mr\omega^2 = F$ より

(3) $\omega = \sqrt{\dfrac{g}{L\cos\theta}}$ [rad/s], $v = (L\sin\theta)\omega = \sqrt{Lg\sin\theta\tan\theta}$ [m/s], $T = 2\pi\sqrt{\dfrac{L\cos\theta}{g}}$ [s]

(4) $\theta \ll 1$ では $\cos\theta \fallingdotseq 1$　∴　単振り子と同じ周期になる．$\theta \fallingdotseq 0.1$ でも $\cos\theta \fallingdotseq 0.995$

問 6. (1) $-200\,x$ [N]　　伸ばすと引き戻され，縮めると押し戻される復元力である．

解答とヒント

(2) $0.5\dfrac{d^2x}{dt^2}=-200\,x$, 振動に関して重力の影響を考慮しなくてもよい環境にある. $\omega=20$ rad/s で $T=0.31$ s

(3) 重力 4.9 N を考慮して, $0.5\dfrac{d^2x}{dt^2}=-200\,x+4.9$, この右辺は $-200(x-0.0245)$ [N]となる. そこで, $u=x-0.0245$ [m]とおくと, 方程式は $0.5\dfrac{d^2u}{dt^2}=-200\,u$ となり, (2)と同じ形になる. 加速度については $\dfrac{d^2x}{dt^2}=\dfrac{d^2u}{dt^2}$である. したがって, (2)と同じ周期で振動する. 重力はおもりの振動中心の位置を約 2.5 cm 変えるだけである.

テーマ13 力学的な仕事

問1. (1) 120 J　力と同じ方向に移動(テーマ11問4のピッチャーの手の力が行う仕事である)

(2) −5000 J　力と反対の方向に移動

(3) 3.7 J　重力と同じ方向に移動　まず, 重力の大きさを計算し, 変位をかける.

(4) −37 J　重力と反対の方向に移動, 重力以外の力は作用していない.

問2. (1) F は鉛直下向きで $mg=588$ N, s は斜面に沿って 20 m, 間の角度は $\theta=60°$ である.

(2) $W=\boldsymbol{F}\cdot\boldsymbol{s}=mgs\cos\theta=5880$ J

(3) 重力は斜面に平行な成分と斜面に垂直な成分に分けられる. 垂直成分は仕事をしない.

(4) 力 $\boldsymbol{F}$ のうち $\boldsymbol{s}$ に平行な成分 $mg\cos\theta$ を取り出して距離 s をかける計算になっている.

問3. (1) 60 J　$\cos0°=1$　たとえば, 自由落下する質量約 2 kg の物体に重力が行う仕事

(2) 42 J　$\cos45°=1/\sqrt{2}$　同じ物体が傾き 45°の斜面を滑り降りるときに重力が行う仕事

(3) 0 J　$\cos90°=0$　同じ物体が水平面上を移動するときに重力が行う仕事

問4. (1) 56 J　x 軸方向には 3 N で 12 m, y 方向には 4 N で 5 m, 仕事はこの合計である.

(2) 60 J　$\boldsymbol{s}=\boldsymbol{r}_{\mathrm{B}}-\boldsymbol{r}_{\mathrm{A}}=8\boldsymbol{i}-6\boldsymbol{k}$ [m], x 軸方向の変位は $\boldsymbol{F}$ に垂直なので仕事に関係しない.

問5. (1) 4900 J　重力 980 N に対抗する力で 5 m 持ち上げる仕事

(2) −4900 J　重力 980 N の向きと反対方向に 5 m 移動するときの仕事

189

(3) 245 W　　1秒当たりの仕事，1 W＝1 J/s

問 6. (1) 49 J　　重力 98 N に対抗する力で 0.5 m 持ち上げる仕事

(2) 12.25 J, 36.75 J　　A 君と B 君は 49 J の仕事を 1：3 の比で分担している．

(3) 24.5 W, 73.5 W　　計 98 W，これは荷物の持ち上げ分で，実際の仕事率は
もっと大きい．

テーマ 14　力のつり合いと仕事

問 1. (1) 支点から 1.5 m　　力のモーメントがつり合う位置

(2) 子供 176 J, 大人－176 J, 大人は 0.3 m 上がる, 実際に仕事の合計はゼロ

問 2. (1) 支点 A から 490 N 下向き, 点 B の荷物から 490 N 下向き, 点 C のロープから
980 N 上向き

(2) 点 B の荷物から 1960 N・m 右回り, 点 C のロープから 1960 N・m 左回り

(3) ロープからの力が行う仕事 98 J, 重力が行う仕事－98 J

問 3. (1) 左回りに 0.98 N・m

(2) 2 kg　　右回りに 0.98 N・m の力のモーメントをつくればよい．

(3) おもり A には 3.1 J, おもり B には－3.1 J

問 4. (1) 力 490 N, 仕事 490 J　　ロープ B を 1.0 m 引く必要がある．

(2) 力 245 N, 仕事 490 J　　ロープ B を 2.0 m 引く必要がある．

(3) 荷重を分担しているロープの数を考える．みかけの滑車の数だけで判断しては
ならない．定滑車は力の向きを変えるだけである．引く力は小さくなるが仕事
は変わらない．

問 5. (1) 98 J　　物体を持ち上げる仕事と同じ

(2) 196 N　　上の仕事 98 J のために, ピストンを 0.5 m 移動させねばならない．

問 6. (1) 2 回転

(2) 200 N　　A にかかる力のモーメントは 20 N・m, これを半径 0.1 m の作用点
に伝える．

(3) 10 N・m　　A との回転比より, 仕事が同じになるように B, D に伝わる．

(4) 40 N　　半径 0.25 m の D から道路に左向きの力が作用する．第 3 法則による
右向きの力が道路から D に作用し, 自転車の駆動力となる．

テーマ 15　運動エネルギーと仕事

問 1. (1) 120 J　　$\frac{1}{2}mv^2$ で計算する．以下同じ．

(2) $6.25×10^5$ J

解答とヒント

(3) 60 J　この運動エネルギーが風力発電に利用される.　⇒問6

(4) 6.1×10^{-21} J　温度 25 ℃ の空気の 1 分子の $\frac{1}{2} mv^2$，他に回転の運動エネルギーもある.

(5) 4.1×10^{-16} J　光速の 10 ％ の速さ，このため電子の質量は約 0.5 ％ 増加している.

問2. (1) $10 \dfrac{dv_x}{dt} = 20$, $v_x = \dfrac{dx}{dt}$　または $10 \dfrac{d^2 x}{dt^2} = 20$　以下で $F = 20$ N

(2) $v_x = 2t$, $x = t^2$　初期条件は $v_x(0) = 0$, $x(0) = 0$, $t = 10$ では $v_x = 20$ m/s, $x = 100$ m

(3) $W = Fx = 2000$ J, $T = \dfrac{1}{2} mv_x^2 = 2000$ J　この場合はいつでも同じ値になる.

(4) $Ft = 200$ N・s, $mv_x = 200$ kg・m/s　N・s と kg・m/s は同じ単位である.

問3. (1) $m \dfrac{dv_x}{dt} = F_x$, $v_x = \dfrac{dx}{dt}$　または $m \dfrac{d^2 x}{dt^2} = F_x$

(2) $v_x = \dfrac{F_x}{m} t$, $x = \dfrac{F_x}{2m} t^2$　初期条件を考慮し，任意の時刻 t での速度と位置を表わす.

(3) $F_x x = \dfrac{1}{2} mv_x^2$　上の(2)の 2 つの式から t を消去する.

(4) $F_x t = mv_x$　上の(2)の式の書き直し

問4. (1) $W = mgh$　力 mg [N] で h [m] 移動するときの仕事

(2) $m \dfrac{dv_z}{dt} = -mg$, $v_z = \dfrac{dz}{dt}$ から　$v_z = -gt$ [m/s], $z = h - \dfrac{1}{2} gt^2$ [m]

(3) $t = \sqrt{\dfrac{2h}{g}}$ [s], $v_z = -\sqrt{2gh}$ [m/s]

(4) $T = \dfrac{1}{2} mv_z^2 = mgh$　この結果は仕事 W に等しい.

問5. (1) 90 J　$\dfrac{1}{2} mv^2$ の値

(2) -0.20 m/s², -4.0 N　加速度＝速度の変化／所要時間，質量×加速度＝力

(3) $v_x = 3.0 - 0.20t$ [m/s], $x = 3.0t - 0.10t^2$ [m]　加速度を積分し，初期条件で定数を決める.

(4) 22.5 m　$x(15)$ の値

(5) -90 J　摩擦力はいつでも運動を止める向きに作用する.仕事の値は常に負になる.

問6. (1) 86.4 J/m³　$\dfrac{1}{2} mv^2$ の値

(2) 1037 J/m²・s　1 m² の面積を 1 秒間に 12 m³ の空気が通り過ぎる.

(3) 1.30×10^6 J/s　プロペラの回転面積を 1 秒間に通り過ぎるエネルギー

(4) 460 kW　1 W＝1 J/s，1 kW＝1×10^3 W で仕事率を表わす.

191

テーマ 16　位置エネルギーと仕事

問 1. (1) $W=(mg \sin \alpha)L=mgh$ [J], $\sin \alpha=h/\text{L}$　　x 軸方向の力の成分は $F_x=mg \sin \alpha$ で，力は少なくなるが，距離が大きくなる．

(2) $m \dfrac{dv_x}{dt}=mg \sin \alpha$, $v_x=\dfrac{dx}{dt}$　　∴　$v_x=gt \sin \alpha$ [m/s], $x=\dfrac{1}{2}gt^2 \sin \alpha$ [m]

(3) $t=\sqrt{\dfrac{2L}{g \sin \alpha}}$ [s], $v_x=\sqrt{2gh}$ [m/s]

(4) $T=\dfrac{1}{2}mv_x^2=mgh$ [J]　　この結果は自由落下の場合の仕事 W [J] に等しい．

問 2. (1) $W=mg(h-z)$ [J]

(2) $T=\dfrac{1}{2}mv_z^2=mg(h-z)$ [J]　　距離 $(h-z)$ [m] の間の仕事が運動エネルギーに変わる．

(3) $T+U=\dfrac{1}{2}mv_z^2+mgz=mgh$ [J]　　上式の書き直し

問 3. (1) 29.4 J　　$U=mgh$

(2) 19.8 m/s　　上と同じ値の運動エネルギーを持つとして計算する．

(3) 9.9 m/s　　問 2 (3) の式より，$v_z^2+2gz=2gh$, $z=15$ m として計算する．

問 4. (1) 29.4 J　　$U=mgh$ で計算する．以下，同じ

(2) 4.9×10^{11} J　　水力発電所で利用できるエネルギー

(3) 5.2×10^6 J　　重力に対抗する仕事で評価した値，使ったエネルギーはもっと多い

(4) 5.2×10^{-21} J　　室温の酸素分子の運動エネルギーと比べてみよ．

問 5. (1) $F_z=-\dfrac{dU}{dz}=-mg$ [N]　　大きさ mg で鉛直下向きの力を表わす．水平方向の変化はない．空間的にみて，U の減る向きに力が現われる．これは以下の問にも共通の考え方である．

(2) $F_x=-\dfrac{dU}{dx}=-kx$ [N]　　大きさ kx で原点方向を向く復元力を表わす．

(3) $F_r=-\dfrac{dU}{dr}=-\dfrac{GMm}{r^2}$ [N]　　大きさ $\dfrac{GMm}{r^2}$ で原点方向を向く万有引力を表わす．

(4) $F_r=-\dfrac{dU}{dr}=\dfrac{kQq}{r^2}$ [N]　　大きさ $\dfrac{kQq}{r^2}$ で原点を中心とするクーロン力を表わす．Qq が正のときは斥力(反発力)，負のときは引力となる．万有引力にくらべるとクーロン力は非常に強い．

問 6. (1) 9800 J　　おもりが自由落下する間に重力が行う仕事＝10 m 分の位置エネルギーの値

(2) 10290 J　　おもりが静止するまでに移動した距離は 10.5 m となる．

(3) 20580 N　　上の(2)のエネルギーが杭を 0.5 m 進ませる仕事に使われたとみなす．

(4) 2100 kg　　$mg=20580$ N で計算した m の値

解答とヒント

テーマ 17　力学的エネルギー保存則とその応用

問 1. 112 ページの①と②を重力による鉛直線上の運動の場合で計算してみる.

(1) 式の左辺各項と右辺を同時に t で微分した式は $mv_z \dfrac{dv_z}{dt} + mg \dfrac{dz}{dt} = 0$ と書ける.

ここで $\dfrac{dz}{dt} = v_z$ を使うと $mv_z \dfrac{dv_z}{dt} + mgv_z = \left(m\dfrac{dv_z}{dt} + mg \right)v_z = 0$ となり, 運動中は $v_z \neq 0$ なので, $m\dfrac{dv_z}{dt} + mg = 0$, 従って $m\dfrac{dv_z}{dt} = -mg$ である.

(2) 問題の指示を式に書くと, $\displaystyle\int \left(m\dfrac{dv_z}{dt} v_z \right) dt = \int (-mgv_z) dt$ となる. 左辺は dt が略せて

$\displaystyle\int mv_z dv_z$, 右辺は $v_z = \dfrac{dz}{dt}$ を使うと $-\displaystyle\int mgdz$ となる.

改めて $\displaystyle\int mv_z dv_z = -\int mgdz$, 積分実行で, $\dfrac{1}{2}mv_z^2 = -mgz + E$,

これより $\dfrac{1}{2}mv_z^2 + mgz = E$ が得られる.

あるいは, (1)の計算の逆をたどると, $mv_z \dfrac{dv_z}{dt} + mg\dfrac{dz}{dt} = 0$ が書ける. これはある式を t で微分した直後の形の式なので, t で積分すれば直ちにその式が得られると考えてよい. その式は $\dfrac{1}{2}mv_z^2 + mgz = E$ である.

問 2. (1) 速度成分 v_x, v_y は一定である. 問 1 の保存則に一定の $v_x^2 + v_y^2$ を付け加えるだけである.

(2) 37.5 m/s　$\dfrac{1}{2}mv^2 + mgz = \dfrac{1}{2}mv_0^2$ より, 質量に関係なく得られる式 $v^2 = v_0^2 - 2gz$ を使う.

問 3. 112 ページの①と②を復元力による単振動の場合で計算してみる.

(1) 式の両辺を同時に t で微分した式は $mv_x \dfrac{dv_x}{dt} + kx\dfrac{dx}{dt} = 0$ と書ける.

これより問 1(1)と同様の手順で, $m\dfrac{dv_x}{dt} = -kx$ が得られる.

(2) $m\dfrac{dv_x}{dt} = -kx$ から出発して, (1)の逆をたどって, $mv_x \dfrac{dv_x}{dt} + kx\dfrac{dx}{dt} = 0$ が書ける. t で積分すると $\displaystyle\int \left(mv_x \dfrac{dv_x}{dt} + kx\dfrac{dx}{dt} \right) dt = \dfrac{1}{2}mv_x^2 + \dfrac{1}{2}kx^2 = E$ が得られる.

問 4. (1) $U = -\dfrac{GMm}{r}$ で $r = 2R$ とすればよい. 無限遠方に比べてマイナスの値をとる.

(2) $v > \sqrt{\dfrac{GM}{R}}$　問の位置では, $T + U = \dfrac{1}{2}mv^2 - \dfrac{GMm}{2R}$ である. この値が正であればよい.

(3) $v > 7.9 \times 10^3$ m/s　G, M, R の値から計算できる. $\sqrt{\dfrac{GM}{R}} = \sqrt{\dfrac{GM}{R^2}R} = \sqrt{gR}$ としてもよい.

問 5. (1) $-\dfrac{dU}{dr} = -\dfrac{GMm}{r^2}$　符号の変化に注意すること. U が減る方向に引力が向い

193

ている.

(2) y, z を一定として，x で微分する． $\dfrac{\partial U}{\partial x}=\dfrac{\partial U}{\partial r}\dfrac{\partial r}{\partial x}=\dfrac{GMm}{r^2}\dfrac{2x}{2\sqrt{x^2+y^2+z^2}}=$ $\dfrac{GMm}{r^2}\dfrac{x}{r}$

(3) $-\dfrac{\partial U}{\partial x}=-\dfrac{GMm}{r^2}\dfrac{x}{r}=F_x$

この F_x は $\{(1)$で得た重力の大きさと向き$\}\times(x$ 方向の成分の割合$)$ を表わす．

(4) $-dU=F_x dx+F_y dy+F_z dz=\boldsymbol{F}\cdot d\boldsymbol{r}=dW$ これは力 $\boldsymbol{F}=F_x\boldsymbol{i}+F_y\boldsymbol{j}+F_z\boldsymbol{k}$ が微小変位 $d\boldsymbol{r}=dx\boldsymbol{i}+dy\boldsymbol{j}+dz\boldsymbol{k}$ でする微小仕事である． dW [J] の仕事をすれば，その分だけ位置エネルギーが減るので，これを $-dU$ と書いている．

問6. (1) 4116 J $U=mgh$，位置エネルギーは高さの差だけできまる．

(2) 11.7 m/s 摩擦がなければ力学的エネルギーは保存される． $mgh=\dfrac{1}{2}mv^2$ より，$v=\sqrt{2gh}$

(3) -500 J 20 N の力が 25 m の区間で作用している．摩擦力の仕事は常にマイナスである．

(4) 11.0 m/s Q 点では $T=\dfrac{1}{2}mv^2=4116-500=3616$ J となる．これから v を求める．

テーマ18 いろいろなエネルギー

問1. (1) 484 m/s $\dfrac{3}{2}k_{\mathrm{B}}T=\dfrac{1}{2}mv^2$ から計算する．空気の温度は分子の運動エネルギーである．

(2) 2 ％ 温度は v^2 に比例する．306 K$=33$℃ となる．$1.01^2≒1.02$

問2. (1) 92 m/s $m=0.001$ kg について，$\dfrac{1}{2}mv^2=4.2$ より

(2) 430 m $m=0.001$ kg について，$mgh=4.2$ より

(3) 4.2×10^6J 比較：大人 1 人は 1 日当り約 10×10^6J のエネルギーを食物から得ている．

問3. (1) 240 kW 1 秒当り $mgh=1000\times9.8\times30\times0.8≒2.4\times10^5$J のエネルギーが電力となる．

(2) 5600 kWh，2.0×10^{10}J 1 kW で 1 時間使えば，1 kWh$=3.6\times10^6$J

問4. (1) 600 W 120 J/C$\times$5 C/s$=600$ J/s と計算する．

(2) 2.16×10^6J 1 J$=1$ W・s

(3) $P=VI$ [W] 上の考え方を公式化したもの，電力＝電圧×電流 としてよく知られている．

(4) $E=3600\,VIh$ [J] h 時間は $3600\,h$ 秒

解答とヒント

問5. (1) $1.1 \times 10^{-8} \mathrm{kg} = 11\,\mu\mathrm{g}$（マイクログラム）　$m_0 c^2 = 10 \times 10^8 \mathrm{J}$ より求める.

(2) $3.2 \times 10^{-3} \mathrm{kg}/$日　　1日当りは $m_0 c^2 \times 0.3 = 100 \times 10^7 \times 24 \times 3600\,\mathrm{J}$ より求める. 燃料は $3.2\,\mathrm{g}/$日（グラム毎日）の割合で軽くなる.

(3) $E = mc^2 = m_0 c^2 \left(1 - \dfrac{v^2}{c^2}\right)^{-\frac{1}{2}} \fallingdotseq m_0 c^2 \left(1 + \dfrac{1}{2} \cdot \dfrac{v^2}{c^2}\right) = m_0 c^2 + \dfrac{1}{2} m_0 v^2$　　運動エネルギーが質量に換算されている. $\dfrac{1}{2} mv^2$ の形がここからも出る.

問6. (1) $3.85 \times 10^{26} \mathrm{W}$　　太陽の半径を R_s として，球の全表面からのエネルギー放射率は $L = 4\pi R_\mathrm{s}^2 \sigma T^4\,[\mathrm{W}]$ で計算できる.

(2) $4.3 \times 10^9 \mathrm{kg/s} = 430$ 万トン/s　　$m_0 c^2 = 3.85 \times 10^{26} \mathrm{J}$ より求める. 太陽はこの割合で軽くなる.

(3) $1360\,\mathrm{W/m^2}$　　上のエネルギーが太陽を中心とする半径 $R = 1.50 \times 10^{11} \mathrm{m}$ の球面に均等にひろがるとみなして，$1\,\mathrm{m^2}$ 当たりのエネルギー流量は $S = L/(4\pi R^2)\,[\mathrm{W/m^2}]$ で計算できる. 観測値は $1.37\,\mathrm{kW/m^2}$ である.

テーマ19　中心力による運動

問1. (1) $\boldsymbol{r} \times \boldsymbol{F} = -6\,\boldsymbol{k}\,[\mathrm{N \cdot m}]$　　$\boldsymbol{i} \times \boldsymbol{j} = \boldsymbol{k}$ の定義によることを確認すること.

(2) $\boldsymbol{r} \times \boldsymbol{F} = -6\,\boldsymbol{k}\,[\mathrm{N \cdot m}]$　　定義 $\boldsymbol{i} \times \boldsymbol{i} = 0$ により力の $\boldsymbol{i}$ 成分は無効になる.

(3) $\boldsymbol{r} \times m \dfrac{d\boldsymbol{r}}{dt} = mR^2 \omega \boldsymbol{k}$，$z$ 軸の正の方向を向く. 左回りを表わす.

(4) $\boldsymbol{r} \times m \dfrac{d\boldsymbol{r}}{dt} = -mR^2 \omega \boldsymbol{k}$，$z$ 軸の負の方向を向く. 右回りを表わす.

(5) $\boldsymbol{A} \times \boldsymbol{B} = -6\boldsymbol{i} - 20\boldsymbol{j} + 18\,\boldsymbol{k}$，$\boldsymbol{B} \times \boldsymbol{A} = 6\boldsymbol{i} + 20\boldsymbol{j} - 18\,\boldsymbol{k}$，行列式で計算する.

問2. (1) $\boldsymbol{r} \times \dfrac{d\boldsymbol{r}}{dt} = \left(x \dfrac{dy}{dt} - y \dfrac{dx}{dt}\right)\boldsymbol{k}$

(2) $\dfrac{d}{dt}\left(\boldsymbol{r} \times \dfrac{d\boldsymbol{r}}{dt}\right) = \dfrac{d}{dt}\left(x \dfrac{dy}{dt} - y \dfrac{dx}{dt}\right)\boldsymbol{k} = \left(x \dfrac{d^2 y}{dt^2} - y \dfrac{d^2 x}{dt^2}\right)\boldsymbol{k} = \boldsymbol{r} \times \dfrac{d^2 \boldsymbol{r}}{dt^2}$

問3. (1) 運動方程式 $\dfrac{d\boldsymbol{p}}{dt} = \boldsymbol{F}$ に左から $\boldsymbol{r}$ をかけると $\boldsymbol{r} \times \dfrac{d\boldsymbol{p}}{dt} = \boldsymbol{r} \times \boldsymbol{F}$ となる. 左辺は $\dfrac{d\boldsymbol{L}}{dt}$ であり，右辺は $\boldsymbol{r}$ と $\boldsymbol{F}$ が平行なのでゼロとなる. したがって，$\boldsymbol{L}$ は一定である.

(2) $\boldsymbol{L}$ は $\boldsymbol{r}$ と $\boldsymbol{p}$ の両方に垂直である. この $\boldsymbol{L}$ が不動なら，$\boldsymbol{r}$ と $\boldsymbol{p}$ はもとの平面にある.

問4. (1) $U = -\dfrac{GMm}{r}$ で，$r = 2R$

(2) 運動方程式 $m \dfrac{v^2}{r} = \dfrac{GMm}{r^2}$ より，$v = \sqrt{\dfrac{GM}{r}}$，$T = \dfrac{1}{2} mv^2 = \dfrac{GMm}{2r}$，$T + U = -\dfrac{GMm}{2r}$，$r = 2R$

(3) 円軌道なので，力は変位に常に垂直であり，仕事をしない.

(4) 問1(3)より $L = mr^2 \omega$，運動方程式より $\omega = \sqrt{\dfrac{GM}{r^3}}$，$\therefore L = m\sqrt{GMr}$，$r = 2R$

問5. (1) $mr\omega^2 = \dfrac{k}{r^2}$

(2) $mr^2 \omega = \hbar$　　左辺には円軌道についての問1(3)の式を使う.

195

(3) $r=\dfrac{h^2}{mk}$, $\omega=\dfrac{mk^2}{h^3}$　　数値を代入して，$r=5.3\times10^{-11}$ m，$\omega=4.2\times10^{16}$ rad/s

(4) $U=-\dfrac{k}{r}=-4.4\times10^{-18}$ J，$T=\dfrac{1}{2}mv^2=\dfrac{k}{2r}=2.2\times10^{-18}$ J，

$T+U=-\dfrac{k}{2r}=-2.2\times10^{-18}$ J

問6. (1) $\dfrac{dx}{dt}=\dfrac{dr}{dt}\cos\theta-r\dfrac{d\theta}{dt}\sin\theta$，$\dfrac{dy}{dt}=\dfrac{dr}{dt}\sin\theta+r\dfrac{d\theta}{dt}\cos\theta$

(2) 問2(1)の結果を利用する．$L=m\left(x\dfrac{dy}{dt}-y\dfrac{dx}{dt}\right)=mr^2\dfrac{d\theta}{dt}$

(3) $r\dfrac{d\theta}{dt}$ [m/s]は質点の θ 方向（θ が増える方向）の速度成分である．したがって

$r^2\dfrac{d\theta}{dt}$ [m²/s]は質点の位置ベクトル $\boldsymbol{r}$ が1秒当りに掃く面積の2倍になる．

テーマ20　質点系と2体問題

問1. (1) $x_G=7$

(2) $(x_G,\ y_G)=(7,\ 12)$

(3) $\boldsymbol{r}_G=7\boldsymbol{i}+12\boldsymbol{j}+17\boldsymbol{k}$

問2. (1) 4.5×10^5 m，6.0×10^{24} kg

(2) 4.6×10^6 m，7.2×10^{22} kg

(3) 2.8×10^{-14} m，9.1×10^{-31} kg

問3. 2つの気体分子の質量は等しいとするので，速さの比だけで考えることができる．

(1) 衝突前の速度を3，-1 とし，衝突後の速度を u，v とする．運動量保存則は $u+v=2$，エネルギー保存則は $u^2+v^2=10$ である．この連立方程式の解は $u=-1$，$v=3$ となる．正面衝突では速度が交換される．

(2) 衝突前の速度を$(3,\ 0)$および$(0,\ 1)$とし，衝突後の速度を$(u_x,\ u_y)$および $(v_x,\ v_y)$とする．運動量保存則は $u_x+v_x=3$，$u_y+v_y=1$，エネルギー保存則は $u_x{}^2+v_x{}^2+u_y{}^2+v_y{}^2=10$ である．エネルギーは等しいとの指定より，$u_x{}^2+u_y{}^2=5$，$v_x{}^2+v_y{}^2=5$ とわけて，連立方程式を解くと，$(u_x,\ u_y)=(1,\ 2)$および$(v_x,\ v_y)=(2,\ -1)$を得る．何か指定がないと解は定まらない．

(3) 上の(1)では分子のエネルギーが交換されているが，どちらか一方が「熱い」ままであることに変わりはない．これに対し，(2)では2つのエネルギーが等しくなる場合を計算したことになる．(1)は滅多に起こらず，(2)に近いことは頻繁におこると推定できよう．このことは統計力学でエネルギー等分配則という形で定式化される．

問4. (1) Aの1/10の速さで x 軸の正の方向から飛来し，同じ速さで y 軸の負の方向に飛び去る．

196

解答とヒント

(2) 重心系での，衝突後の A の速度を $(0,~10)$ とすると，B の速度は $(0,~-1)$ となる．実験室系では，重心が速度 $(1,~0)$ を持つ．この速度を重心系の速度に加えると，実験室系での速度となる．A は速度 $(1,~10)$，B は速度 $(1,~-1)$ の方向に飛び去る．

問 5. 質点 A，B にとって，糸 C からの力が内力であり，重力および糸 D からの力が外力である．

(1) おもり A には，重力 4.9 N と糸 C から上向きに 4.9 N が作用している．おもり B には，重力 14.7 N，糸 C から下向きに 4.9 N および糸 D から上向きに 19.6 N が作用している．

(2) おもり A には，重力 4.9 N と糸 C から上向きに 5.5 N が作用している．おもり B には，重力 14.7 N，糸 C から下向きに 5.5 N および糸 D から上向きに 22.0 N が作用している．

問 6. (1) 質点 1 には $-kx_1+k(x_2-x_1)$ [N]，質点 2 には $-kx_2-k(x_2-x_1)$ [N]

(2) 質点 1 では $m\dfrac{d^2x_1}{dt^2}=-kx_1+k(x_2-x_1)$，

質点 2 では $m\dfrac{d^2x_2}{dt^2}=-kx_2-k(x_2-x_1)$

(3) $m\dfrac{d^2y_1}{dt^2}=-ky_1$，$m\dfrac{d^2y_2}{dt^2}=-3ky_2$

(4) $y_1=C_1\sin(\omega_1 t+\alpha_1)$，$\omega_1=\sqrt{\dfrac{k}{m}}$，$y_2=C_2\sin(\omega_2 t+\alpha_2)$，$\omega_2=\sqrt{\dfrac{3k}{m}}=\sqrt{3}\,\omega_1$

(5) 2 質点の重心は角振動数 ω_1 で振動し，2 質点の間隔は角振動数 ω_2 で振動する．

テーマ 21 質点系と剛体の重心

問 1. (1) $x_{\mathrm{G}}=10$

(2) $(x_{\mathrm{G}},~y_{\mathrm{G}})=(10,~19)$

(3) $\boldsymbol{r}_{\mathrm{G}}=10\boldsymbol{i}+19\boldsymbol{j}+28\boldsymbol{k}$

問 2. (1) 2 個の 40 g の質点を結ぶ直線の中点から図 1 で 2 cm 上の位置

(2) 3 個の質点がつくる正三角形の重心から内部へ $\dfrac{1}{\sqrt{6}}$ m 入った位置

問 3. (1) たとえば，$a=3$，$b=4$ として，Note 21.1. のように座標をとると，

$(x_{\mathrm{G}},~y_{\mathrm{G}})=\left(2,~\dfrac{4}{3}\right)$

(2) 台形の中央の対称線上で，下底から $\dfrac{40}{3}$ cm の位置

(3) 図の直線 OA 上で O から $\dfrac{\sqrt{2}}{6}$ m の位置

問 4. (1) 円柱の中心軸を 2 等分する位置　　この答はわかりきっているが，(2)の円錐との比較のため次の計算で確認しよう．

円柱材料の密度を ρ [kg/m³] とする．中心軸を x 軸として，$dm=\rho\pi R^2 dx$ [kg]

$$x_G = \frac{\int_{\text{円柱}} x\,dm}{\int_{\text{円柱}} dm} = \frac{\int_0^h x\rho\pi R^2\,dx}{\int_0^h \rho\pi R^2\,dx} = \frac{\int_0^h x\,dx}{\int_0^h dx} = \frac{1}{2}h \ [\text{m}]$$

(2) 上と同様の座標軸を使って，$dm = \rho\pi\left(\dfrac{R}{h}x\right)^2 dx \ [\text{kg}]$ と表わせる．

$$x_G = \frac{\int_{\text{円錐}} x\,dm}{\int_{\text{円錐}} dm} = \frac{\int_0^h x\rho\pi\left(\frac{R}{h}x\right)^2 dx}{\int_0^h \rho\pi\left(\frac{R}{h}x\right)^2 dx} = \frac{\int_0^h x^3\,dx}{\int_0^h x^2\,dx} = \frac{3}{4}h \ [\text{m}] \qquad 底面から \frac{1}{4}h \ [\text{m}]$$

の位置

問5. 図の中央の対称線上で，下から $\dfrac{13}{28}\sqrt{8} = 1.31$ m の位置，橋桁の高さは $\sqrt{8} = 2.83$ m

である．$a,\ b$ で表わすと，下から $\dfrac{2a+3b}{5a+6b}\sqrt{b^2 - \left(\dfrac{a}{2}\right)^2}\ [\text{m}]$ の位置になる．

テーマ 22　剛体の慣性モーメント

問1. (1) $v = R\omega \ [\text{m/s}]$　　リングのすべての部分が同じ速さで運動している．

(2) $T = \dfrac{1}{2}Mv^2 = \dfrac{1}{2}MR^2\omega^2 = \dfrac{1}{2}I\omega^2 \ [\text{J}]$　　ここで $I = MR^2 \ [\text{kg}\cdot\text{m}^2]$ とおく．

(3) $L = Rp = RMR\omega = MR^2\omega = I\omega \ [\text{J}\cdot\text{s}]$　　上に定義した $I = MR^2$ がここでも使える．

(4) $I = 0.0027 \ \text{kg}\cdot\text{m}^2$, $\omega = 10\pi = 31.4 \ \text{rad/s}$, $T = \dfrac{1}{2}I\omega^2 = 1.33 \ \text{J}$, この値は質量 0.12 kg の質点がリングの円周の速さ $v = 4.71$ m/s で運動しているときの運動エネルギーと同じである．

問2. (1) $T = \dfrac{1}{2}I\omega^2 = \dfrac{1}{4}MR^2\omega^2$, $L = I\omega = \dfrac{1}{2}MR^2\omega$　　T も L も問1の場合の半分である．

(2) 回転軸に近いほど速さが小さく，運動エネルギーと角運動量への寄与が小さくなる．

(3) I の値が問1の半分になるので，ω^2 を2倍にする．　∴　回転数を $5\sqrt{2} = 7.1$ 回転/s とする．

問3. (1) $dI = x^2\,dm = x^2\lambda\,dx \ [\text{kg}\cdot\text{m}^2]$

(2) $I = \displaystyle\int_{\text{棒}} dI = \int_{\text{棒}} x^2\,dm = \int_0^a x^2\lambda\,dx = \dfrac{1}{3}a^3\lambda = \dfrac{1}{3}Ma^2 \ [\text{kg}\cdot\text{m}^2]$　∵　$a\lambda = M \ [\text{kg}]$

(3) $I_G = \displaystyle\int_{-a/2}^{a/2} x^2\lambda\,dx = \dfrac{1}{12}a^3\lambda = \dfrac{1}{12}Ma^2 \ [\text{kg}\cdot\text{m}^2]$

上の I との関係は $I = I_G + M\left(\dfrac{a}{2}\right)^2$

(4) 棒は重心のまわりに回転するので，$I = \dfrac{1}{12}Ma^2 = 0.004 \ \text{kg}\cdot\text{m}^2$,

$\omega = 4\pi = 12.6 \ \text{rad/s}$, ∴　$T = 0.32$ J, $L = 0.050$ J·s, 棒の重心は放物線を描く．回転の T, L は変わらない．

問4. (1) $dI = r^2\,dm = r^2\cdot\sigma 2\pi r\,dr \ [\text{kg}\cdot\text{m}^2]$　　$dm =$ 面積密度×微小リングの面積　と考

解答とヒント

える.

(2) $I=\int_{円}dI=\int_{円}r^2dm=\int_0^R r^2\cdot\sigma 2\pi rdr=\dfrac{1}{2}\sigma\pi R^4=\dfrac{1}{2}MR^2\,[\text{kg}\cdot\text{m}^2]$

$\because\quad \sigma\pi R^2=M\,[\text{kg}]$

(3) 問題で定義している σ は円板の厚さに関係しない. 薄いと円板, 厚いと円柱と呼ぶ.

(4) $I=0.0625\,\text{kg}\cdot\text{m}^2$, $\omega=v/R=16\,\text{rad/s}$, 回転の運動エネルギーは $T_1=\dfrac{1}{2}I\omega^2=$ $8\,\text{J}$, 一方で重心の運動エネルギーは $T_2=\dfrac{1}{2}Mv^2=16\,\text{J}$, 合計 $T=T_1+T_2=$ $24\,\text{J}$, 角運動量 $L=1\,\text{J}\cdot\text{s}$

T_1 と T_2 の間には $T_1=\dfrac{1}{2}I\omega^2=\dfrac{1}{2}\cdot\dfrac{1}{2}MR^2\omega^2=\dfrac{1}{2}\cdot\dfrac{1}{2}Mv^2=\dfrac{1}{2}T_2$ の関係がある.

問5. 上の問4と同じ dI で, 積分の範囲を変える. ここでは $\sigma=M/(\pi R_2{}^2-\pi R_1{}^2)$ に注意

$I=\int_{円環}dI=\int_{R^1}^{R^2}r^2\cdot\sigma 2\pi rdr=\dfrac{1}{2}\sigma\pi(R_2{}^4-R_1{}^4)=\dfrac{1}{2}\sigma\pi(R_2{}^2-R_1{}^2)(R_2{}^2+R_1{}^2)$

$=\dfrac{1}{2}M(R_2{}^2+R_1{}^2)\,[\text{kg}\cdot\text{m}^2]$

問6. (1) 積分の変数を図の θ とする. 回転軸から $r=R\cos\theta$ のところに $dm=\lambda Rd\theta$ の質量がある.

$I=\int_{リング}dI=\int_0^{2\pi}(R\cos\theta)^2\lambda Rd\theta=\lambda R^3\int_0^{2\pi}\cos^2\theta d\theta=\lambda R^3\pi=\dfrac{1}{2}MR^2\,[\text{kg}\cdot\text{m}^2]$

$\because\quad 2\pi R\lambda=M\,[\text{kg}]$

(2) 問1の慣性モーメントを I_z とする. 平面図形の定理より, $I_z=I_x+I_y$, 今は I_x と I_y は等しいので $I_x=I_y=\dfrac{1}{2}I_z$

テーマ23 剛体の運動

問1. (1) 運動方程式 $10\dfrac{d^2x}{dt^2}=100$ より, $\dfrac{d^2x}{dt^2}=10\,\text{m/s}^2$, 初期条件は $t=0$ で $\dfrac{dx}{dt}=0$,

$x=0$ $\quad\therefore\quad \dfrac{dx}{dt}=10t\,[\text{m/s}]$, $x=5t^2\,[\text{m}]$, $x(5)=125\,\text{m}$ 単純な直線運動

(2) 運動方程式 $10\dfrac{d^2\theta}{dt^2}=100$ より, $\dfrac{d^2\theta}{dt^2}=10\,\text{rad/s}^2$, 初期条件は $t=0$ で $\dfrac{d\theta}{dt}=0$,

$\theta=0$ $\quad\therefore\quad \dfrac{d\theta}{dt}=10t\,[\text{rad/s}]$, $\theta=5t^2\,[\text{rad}]$, $\theta(5)=125\,\text{rad}$, 回転数は

$\dfrac{125}{2\pi}=19.9$, 約20回転している

問2. (1) 力のモーメント $N=0.20\times1.5=0.30\,\text{N}\cdot\text{m}$, 運動方程式 $0.60\dfrac{d^2\theta}{dt^2}=0.30$

$\therefore\quad \dfrac{d^2\theta}{dt^2}=0.50$

(2) 初期条件は $t=0$ で $\dfrac{d\theta}{dt}=0$, $\theta=0$ $\quad\therefore\quad \dfrac{d\theta}{dt}=0.5t\,[\text{rad/s}]$, $\theta=0.25t^2\,[\text{rad}]$

(3) 糸がつきるまでの回転角は $10/0.2=50\,\text{rad}$, 所要時間は $0.25t^2=50$ より

199

$t=\sqrt{200}=14$ s　このときの角速度は $\dfrac{d\theta}{dt}=\sqrt{50}=7.1$ rad/s，運動エネルギーは $T=\dfrac{1}{2}I\left(\dfrac{d\theta}{dt}\right)^2=15$ J

(4) 糸を引く力が行う仕事は　1.5 N×10 m＝0.30 N・m×50 rad＝15 J，これが T の値に等しい．

問3. (1) 平行軸の定理より，$I=\dfrac{1}{2}MR^2+MR^2=\dfrac{3}{2}MR^2$，この場合は $I=0.12$ kg・m^2

(2) 力 Mg と距離 R と角度 θ から，力のモーメントは

$N=-RMg\sin\theta=-3.9\sin\theta$ [N・m]

(3) 運動方程式は　$\dfrac{3}{2}MR^2\dfrac{d^2\theta}{dt^2}=-RMg\sin\theta$，これを $\theta\ll1$ として $\sin\theta\fallingdotseq\theta$ とする．

$\therefore$　$\dfrac{d^2\theta}{dt^2}=-\dfrac{2g}{3R}\theta$，これから角振動数 $\omega=\sqrt{\dfrac{2g}{3R}}$，周期 $T=\dfrac{2\pi}{\omega}=2\pi\sqrt{\dfrac{3R}{2g}}=1.1$ s

問4. (1) $I=M(a+R)^2+\dfrac{2}{5}MR^2$　　質点が回転軸のまわりで持つ慣性モーメントと剛体球の慣性モーメントの和

(2) 力 Mg と距離 $a+R$ と角度 θ から，力のモーメントは右辺の形になる．

(3) 運動方程式を　$\dfrac{d^2\theta}{dt^2}=-\omega^2\theta$　の形に書くと，$\omega^2=\dfrac{g(a+R)}{(a+R)^2+\dfrac{2}{5}R^2}$ と決まる．

直接測定値は T なので，$\omega=2\pi/T$ より，ω の代わりに T を使い，g の式に書き直す．

問5. (1) 棒の位置エネルギーが回転の運動エネルギーに変わる．

$Mga=\dfrac{1}{2}I\omega^2$，$I=\dfrac{1}{3}Ma^2$ なので，$\omega=\sqrt{\dfrac{6g}{a}}$ [rad/s]となる．

(2) 回転軸から棒への力は，$r=a/2$ での円運動のために $Mr\omega^2=3Mg$ [N]が必要となる．さらに，棒に作用する重力に対抗する力 Mg [N]が必要で，合計 $4Mg$ [N]となる．

問6. (1) 重力 Mg，斜面から垂直抗力 $Mg\cos\alpha$，斜面から大きさが未知の摩擦力 F

(2) $M\dfrac{d^2x}{dt^2}=Mg\sin\alpha-F$　　右辺は x 軸方向の力

(3) $I\dfrac{d^2\theta}{dt^2}=RF$　　右辺は，θ が増える向きに球を回す力のモーメント

(4) 上の(2)，(3)から未知数 F を消去する．さらに，$\theta=x/R$，$I=\dfrac{2}{5}MR^2$ を使って書き直す．

(5) $x=\dfrac{5}{14}gt^2\sin\alpha$，$\theta=x/R$，$F=\dfrac{2}{7}Mg\sin\alpha$　　これは摩擦のない斜面を滑って降りるときよりも遅い．また，摩擦力が上の値に達しないときには球は滑りはじめる．

解答とヒント

テーマ24　運動座標系と見かけの力

問1. エレベータ外(S系)では,「質量×加速度＝バネばかりが指す力－重力」　運動の問題として考える.

エレベータ内(S′系)では,「重力＋見かけの力＝バネばかりが指す力」　つり合いの問題として考える. この左辺は下向きの力を表わしている.

(1) 上向きに 0.9 m/s²　　加速度を a_z [m/s²]として, $1.20×9.8+1.20\,a_z=1.31×9.8$

(2) 等速で上昇中　　見かけの力は現われない.

(3) 上向きに−1.3 m/s²　　(1)と同様に, $1.20×9.8+1.20\,a_z=1.04×9.8$

問2. (1) 鉛直線からずれて傾いた線を中心に振動を始める. 静止はしないが, 平均位置は読める.

(2) 進行方向に 0.5 m/s²　　平均の傾きが 0.05 rad で, $g=9.8$ m/s² の 5％である.

(3) 右向きに 0.3 m/s²　　進行方向に向かって左に振れている. 電車は右へカーブしている. ただし, 車体(軌道)が傾いていないとする.

(4) 進行方向に−1.0 m/s²　　(2)と同様に考える. この場合は減速中になる.

(5) 実験しながら考えよう.

問3. (1) 地球からの万有引力　GMm/r^2, GMm_A/r^2　　その他の引力は無視できる.

(2) $mr\omega^2=GMm/r^2$, $m_A r\omega^2=GMm_A/r^2$　　円運動の運動方程式

(3) x'軸上の加速度は $a_{x'}=0$ であるが, 形式的に $ma_{x'}=mr\omega^2-GMm/r^2$, $m_A a_{x'}=m_A r\omega^2-GMm_A/r^2$, 実際は万有引力と遠心力のつり合いの式になる.

(4) S系では, 宇宙ステーションと物体 A は同じ加速度で同じ速さで運動している. すべてのものが同じ運動をしている. 同時に落ちているとも言えるので, 無重量感覚になる.

S′系では, 下向きの重力と上向きの遠心力がつりあっているので, 無重量感覚になる.

問4. (1) $F=60$ N　　$F=mv^2/r$ で計算する. 加速度の大きさは $a=1.0$ m/s² である.

(2) $\omega=70$ rad/s, $f=11$ 回転/s　　$r\omega^2=100\,g$, $f=\omega/2\pi$ で計算する.

(3) 0.34 ％　　自転の角速度は $\omega=2\pi/86400=7.27×10^{-5}$ rad/s, $R\omega^2/g$ を計算する.

(4) $\theta=22°=0.38$ rad, $F=630$ N　　角速度は $\omega=2\pi/T$, F は遠心力 $mr\omega^2$ と重力 mg の合力

問5. この場合, 緯度も経度も 1 時間に 15°ずつ変わる. この変化を地球儀上でたどってみよう.

(1) 北緯 75°, 西経 15°

201

(2) 午前 6 時に西経 90° の上空を南へ 45° の方向に進むように見えるであろう.

(3) 衛星は右へカーブしている. 進行方向に対し右向きの力が作用するかのように見える.

(4) 衛星は左へカーブしている. 進行方向に対し左向きの力が作用するかのように見える.

問6. (1) ひとつの円が描かれる. 振り子の振幅が円の直径になる. おもりはその線の上をつねに右へカーブするように進む. 円盤に固定された座標系では, 実在の力 (振り子の復元力) とみかけの力 (遠心力とコリオリ力) の合成結果として, このような軌道が現われる.

(2) 振り子は慣性系で振動面を変えない. その下で地球が自転しているので, 地球に固定した座標軸では, 振動面がまわるように見える. つまり, 北極点ではおもりが進行方向に対してつねに右向きの力を受けながら振れているように見える. 南極点では振動面のまわり方が逆になる. つまり, おもりが進行方向に対してつねに左向きの力を受けながら振れているように見える.

執筆者紹介

井 上　　光
　　　元広島工業大学教授・理学博士

尾 﨑　　徹
　　　広島工業大学名誉教授・理学博士

鈴 木　　貴
　　　広島工業大学教授・理学博士

山 本 愛 士
　　　広島工業大学教授・博士（理学）

力学 WORKBOOK〈第 3 版〉

ISBN　978-4-8082-2081-5

2002 年　3 月　1 日　　初版発行	著者代表 ⓒ 鈴　木　　貴
2005 年　4 月 10 日　　初版 4 刷	
2007 年　9 月　1 日　　2 版発行	発 行 者　鳥　飼　正　樹
2018 年　4 月　1 日　　2 版 7 刷	
2019 年　4 月　1 日　　3 版発行	印　　刷　　株式会社 メデューム
2022 年　4 月　1 日　　3 版 2 刷	製　　本

発行所　株式会社 東京教学社

郵 便 番 号　112-0002
住　　　所　東京都文京区小石川 3-10-5
電　　　話　03（3868）2405
Ｆ Ａ Ｘ　03（3868）0673
http://www.tokyokyogakusha.com

・ JCOPY ＜出版者著作権管理機構 委託出版物＞

本書の無断複製は著作権法上での例外を除き禁じられています．複製される場合は，
そのつど事前に，出版者著作権管理機構（電話 03-5244-5088，FAX 03-5244-5089，e-mail:
info@jcopy.or.jp）の許諾を得てください．

国際単位系（SI）

SI 基本単位

物 理 量	名　　称	記　号
長　　　　さ	メ ー ト ル	m
質　　　量	キログラム	kg
時　　　間	秒	s
電　　　流	アンペア	A
熱力学温度	ケ ル ビ ン	K
物　質　量	モ ー ル	mol
光　　　度	カンデラ	cd

SI 組立単位の例

物　理　量	記　号
速　　度, 速　　さ	m/s
加　　速　　度	m/s^2
角　　速　　度	rad/s
角　加　速　度	rad/s^2
密　　　　度	kg/m^3
力 の モ ー メ ン ト	N·m
粘　性　係　数	Pa·s
表　面　張　力	N/m
波　　　　数	m^{-1}
比　　　　熱	J/(kg·K)
モ ル 比 熱	J/(mol·K)
熱　伝　導　率	W/(m·K)
熱容量, エントロピー	J/K
モ ル 濃 度	mol/m^3
電 場（界）の 強 さ	V/m
誘　　電　　率	F/m
磁 場（界）の 強 さ	A/m
透　　磁　　率	H/m
電束密度, 電気変位	C/m^2
輝　　　　度	cd/m^2
照　射　線　量	C/kg
吸　収　線　量　率	Gy/s

固有の名称と記号をもつ SI 組立単位

物　理　量	名　　称	記号	他の SI 単位による表現
平　　面　　角	ラ ジ ア ン	rad	
立　　体　　角	ステラジアン	sr	
振 動 数（周 波 数）	ヘ ル ツ	Hz	s^{-1}
力	ニュートン	N	$kg·m/s^2$
圧　　力, 応　　力	パ ス カ ル	Pa	N/m^2
エネルギー, 仕事, 熱量	ジュール	J	N·m
仕　事　率, 電　力	ワ ッ ト	W	J/s
電気量, 電荷, 電束	ク ー ロ ン	C	s·A
電位, 電圧, 起電力	ボ ル ト	V	W/A
静　電　容　量	ファラド	F	C/V
電　気　抵　抗	オ ー ム	Ω	V/A
コンダクタンス	ジーメンス	S	A/V
磁　　　　束	ウ ェ ー バ	Wb	V·s
磁　束　密　度	テ ス ラ	T	Wb/m^2
インダクタンス	ヘ ン リ ー	H	Wb/A
セ ル シ ウ ス 温 度	セルシウス度	°C	K
光　　　　束	ル ー メ ン	lm	cd·sr
照　　　　度	ル ク ス	lx	lm/m^2
放　　射　　能	ベ ク レ ル	Bq	s^{-1}
吸　収　線　量	グ レ イ	Gy	J/kg
線量当量, 等価線量	シーベルト	Sv	J/kg
酵　素　活　性	カ タ ー ル	kat	mol/s

SI 接頭語

倍　数	接　頭　語	記　号
10^{18}	エ ク サ	E
10^{15}	ペ タ	P
10^{12}	テ ラ	T
10^{9}	ギ ガ	G
10^{6}	メ ガ	M
10^{3}	キ ロ	k
10^{2}	ヘ ク ト	h
10^{1}	デ カ	da
10^{-1}	デ シ	d
10^{-2}	セ ン チ	c
10^{-3}	ミ リ	m
10^{-6}	マイクロ	μ
10^{-9}	ナ ノ	n
10^{-12}	ピ コ	p
10^{-15}	フェムト	f
10^{-18}	ア ト	a

物理定数表

CODATA（2018 年）より，[（　）内数字は標準不確かさ（標準偏差で表した不確かさ）を示す]

名称　*は定義値	記号	値	単位
標準重力加速度*	g_n	9.806 65	m/s^2
万有引力定数	G	$6.674\ 30(15)\times10^{-11}$	$N\ m^2/kg^2$
真空中の光の速さ*	c	299 792 458	m/s
磁気定数 $2\alpha h/(ce^2)$　$(\cong 4\pi\times10^{-7})$	μ_0	$12.566\ 370\ 6212(19)\times10^{-7}$	H/m
電気定数 $1/(\mu_0 c^2)$	ε_0	$8.854\ 187\ 8128(13)\times10^{-12}$	F/m
電気素量*	e	$1.602\ 176\ 634\times10^{-19}$	C
プランク定数*	h	$6.626\ 070\ 15\times10^{-34}$	$J\ s$
プランク定数* $h/(2\pi)$	$\hbar$	$1.054\ 571\ 817\cdots\times10^{-34}$	$kg\ m^2/s$
電子の質量	m_e	$9.109\ 383\ 7015(28)\times10^{-31}$	kg
陽子の質量	m_p	$1.672\ 621\ 923\ 69(51)\times10^{-27}$	kg
中性子の質量	m_n	$1.674\ 927\ 498\ 04(95)\times10^{-27}$	kg
微細構造定数 $e^2/(4\pi\varepsilon_0 c\hbar)=\mu_0 ce^2/(2h)$	α	$7.297\ 352\ 5693(11)\times10^{-3}$	
リュードベリ定数 $c\alpha^2 m_e/(2h)$	R_∞	$10\ 973\ 731.568\ 160(21)$	m^{-1}
ボーア半径 $\varepsilon_0 h^2/(\pi m_e e^2)$	a_0	$5.291\ 772\ 109\ 03(80)\times10^{-11}$	m
ボーア磁子 $eh/(4\pi m_e)$	μ_B	$927.401\ 007\ 83(28)\times10^{-26}$	J/T
電子の磁気モーメント	μ_e	$-928.476\ 470\ 43(28)\times10^{-26}$	J/T
電子の比電荷	$-e/m_e$	$-1.758\ 820\ 010\ 76(53)\times10^{11}$	C/kg
原子質量単位	m_u	$1.660\ 539\ 066\ 60(50)\times10^{-27}$	kg
アボガドロ定数*	N_A	$6.022\ 140\ 76\times10^{23}$	mol^{-1}
ボルツマン定数*	k	$1.380\ 649\times10^{-23}$	J/K
気体定数* $N_A k$	R	$8.314\ 462\ 618\cdots$	$J/(mol\ K)$
ファラデー定数* $N_A e$	F	$96\ 485.332\ 12\cdots$	C/mol
シュテファン・ボルツマン定数* $2\pi^5 k^4/(15h^3 c^2)$	σ	$5.670\ 374\ 419\cdots\times10^{-8}$	$W/(m^2\ K^4)$
ジョセフソン定数* $2e/h$	K_J	$483\ 597.8484\cdots\times10^{9}$	Hz/V
フォン・クリッツィング定数* h/e^2	R_K	$25\ 812.807\ 45\cdots$	Ω
0°C の絶対温度*	T_0	273.15	K
標準大気圧*	P_0	101 325	Pa
理想気体の 1 モルの体積* RT_0/P_0	V_m	$22.413\ 969\ 54\cdots\times10^{-3}$	m^3/mol

https://physics.nist.gov/cuu/Constants/

ギリシャ文字

A	α	アルファ	N	ν	ニュー
B	β	ベータ	Ξ	ξ	グザイ（クシー）
Γ	γ	ガンマ	O	o	オミクロン
Δ	δ	デルタ	Π	π	パイ
E	ε	イプシロン	P	ρ	ロー
Z	ζ	ゼータ	$\sum$	$\sigma\ \varsigma$	シグマ
H	η	イータ	T	τ	タウ
Θ	θ	シータ	Υ	υ	ウプシロン
I	ι	イオタ	Φ	$\phi\ \varphi$	ファイ
K	κ	カッパ	X	χ	カイ
Λ	λ	ラムダ	Ψ	ψ	プサイ
M	μ	ミュー	Ω	ω	オメガ